FACHWISSEN FEUERWEHR

Kemper

FAHRZEUGKUNDE

Teil 2

4. Auflage 2019

Bibliografische Informationen der deutschen Nationalbibliothek

Die Deutsche Nationalbibliothek verzeichnet diese Publikation in der Deutschen Nationalbibliografie; detaillierte bibliografische Daten sind im Internet über http://www.dnb.de abrufbar.

Bei der Herstellung des Werkes haben wir uns zukunftsbewusst für umweltverträgliche und wiederverwertbare Materialien entschieden. Der Inhalt ist auf chlorfrei gebleichtes Papier gedruckt.

Nachweis der Fotos auf Umschlagseite 1:
Oben rechts: Freytag Karosseriebau GmbH & Co. KG
Alle weiteren: Marc Köppelmann, Paderborn

ISBN 978-3-609-69408-5

E-Mail: kundenservice@ecomed-storck.de

Telefon: 089/2183–7922
Telefax: 089/2183–7620

www.ecomed-storck.de

Satz: Fotosatz Pfeifer, 82152 Krailling
Druck: Westermann Druck, Zwickau

Vorwort

Die Anforderungen an die Angehörigen der Feuerwehren haben sich im Laufe der letzten Jahre erheblich verändert. Genügten früher die Kenntnisse der normalen Brandbekämpfung, müssen heute selbst kleinere Feuerwehren die unterschiedlichsten Notlagen meistern können, um in Not geratene Menschen oder Tiere zu retten, Sachwerte zu erhalten und die Umwelt vor schädlichen Einwirkungen zu bewahren. Dabei werden die Feuerwehren in zunehmendem Maße im Bereich der technischen Hilfe eingesetzt, zum Beispiel bei Verkehrsunfällen oder Hilfeleistungen im Bereich baulicher Anlagen.

Deshalb ist es erforderlich, dass die Feuerwehrangehörigen umfassend und wirksam aus- und weitergebildet werden. Diese Forderung steht jedoch dem Problem gegenüber, dass diese Aus- und Weiterbildung von den meist nebenberuflich tätigen Angehörigen der Feuerwehren zusätzlich zu den weiter steigenden Anforderungen in deren Berufsleben und den vielfältigen Verpflichtungen im privaten oder familiären Bereich geleistet werden muss. Letztlich liegt es an jedem Feuerwehrangehörigen selbst, ob und in welchem Umfang er bereit ist, sich durch eine regelmäßige und aktive Teilnahme an der angebotenen Aus- und Weiterbildung den gesteigerten Anforderungen der Feuerwehr zu stellen.

Das Ziel der Broschürenreihe „Fachwissen Feuerwehr“ besteht darin, die Feuerwehrangehörigen mit dem Wissen auszustatten, das heute erforderlich ist, um aufgabengerecht und wirkungsvoll tätig zu werden. Sie wird vorrangig für die Feuerwehrangehörigen herausgegeben, die erstmals in das jeweilige Thema „einsteigen“, und für diejenigen, die sich ein solides Basiswissen aneignen möchten. Die Inhalte der Broschüren entsprechen weitgehend den Inhalten und Vorgaben der Feuerwehr-Dienstvorschrift FwDV 2 „Ausbildung der Freiwilligen Feuerwehren“ und den daraus abgeleiteten Lernzielkatalogen. Deshalb können diese Broschüren auch gut zur Lehrgangsvorbereitung und -begleitung genutzt werden.

Die Texte und Abbildungen sind in leicht verständlicher Weise dargestellt; Hinweise und Merksätze filtern die für die Praxis wichtigen Informationen heraus. Auf die Verwendung spezieller Formeln und wenig gebräuchlicher Begriffe und Einheiten wird weitgehend verzichtet. Die Angabe technischer Daten erfolgt ohne Gewähr.

Die Funktionsbezeichnungen und personenbezogenen Begriffe gelten sowohl für weibliche als auch für männliche Feuerwehrangehörige.

Diese Broschüre „Fahrzeugkunde Teil 2“ befasst sich mit den einzelnen Fahrzeugtypen und ihren besonderen Merkmalen. Anhand der Kraftfahrzeug-Gruppen gemäß DIN EN 1846-1 sind alle genormten Fahrzeugtypen systematisch aufgeführt und erläutert sowie ihre wesentlichen Merkmale übersichtlich zusammengefasst.

Hinweis: Für die vierte Auflage wurde diese Broschüre aufgrund umfassender Änderungen komplett überarbeitet.

Die Einteilung der Feuerwehrfahrzeuge, ihre Normung und Kennzeichnung, die allgemeinen Anforderungen an Feuerwehrfahrzeuge sowie die besonderen Anforderungen an bestimmte Fahrzeugarten werden in der Broschüre „Fahrzeugkunde Teil 1“ ausführlich beschrieben.

Geseke, August 2019 Hans Kemper

Inhalt

1 Einleitung

Damit die Feuerwehren bei ihren Einsätzen schnelle und wirksame Hilfe leisten können, stehen ihnen als unentbehrliche Hilfsmittel spezielle Fahrzeuge zur Verfügung, mit denen sie zu den jeweiligen Einsatzstellen ausrücken und dort entsprechend ihrer Aufgabenstellung tätig werden können.

Feuerwehrfahrzeuge werden zur Bekämpfung von Bränden, zur Durchführung technischer Hilfeleistungen und/oder für Rettungseinsätze verwendet. Sie sind für diese Einsatzarten besonders gestaltet und entsprechend ihrem Verwendungszweck zur Aufnahme einer Besatzung, einer feuerwehrtechnischen Beladung sowie der Lösch- und sonstigen Einsatzmittel eingerichtet.

Abbildung 1: „Feuerwehrfahrzeuge im Einsatz!" (Quelle: Marc Köppelmann, Paderborn)

Die Entwicklungsgeschichte der heutigen Feuerwehrfahrzeuge ist eng verbunden mit der Entwicklung der Automobile, die sich von der Entstehung einfacher motorbetriebener Feuerspritzen und Leiterwagen bis zu den heutigen genormten und nicht genormten Feuerwehrfahrzeugen erstreckt. Um Feuerwehrfahrzeuge einheitlich gestalten zu können, wurde ein an den Einsatzaufgaben orientiertes Normungssystem geschaffen. Bereits 1955 erschien die Norm DIN 14530 „Löschfahrzeuge, Allgemeine Richtlinien", aus der sich die meisten der heutigen Feuerwehrfahrzeuge ableiten lassen.

Feuerwehrfahrzeuge werden gemäß DIN EN 1846-1 „Feuerwehrfahrzeuge, Nomenklatur und Bezeichnung" entsprechend ihrer hauptsächlichen Verwendung in verschiedene Kraftfahrzeug-Gruppen gegliedert:

- Feuerlöschfahrzeuge (Löschfahrzeuge und Sonderlöschfahrzeuge)
- Hubrettungsfahrzeuge (Drehleitern und Hubarbeitsbühnen)
- Rüst- und Gerätefahrzeuge
- Krankenfahrzeuge der Feuerwehr
- Gerätefahrzeuge Gefahrgut
- Einsatzleitfahrzeuge
- Mannschaftstransportfahrzeuge
- Nachschubfahrzeuge
- sonstige spezielle Fahrzeuge

Neben dieser Gliederung werden grundsätzliche Angaben zu den einzelnen Gruppen gemacht. Im Teil 2 und 3 der DIN EN 1846 wird diese Gliederung durch zusätzliche Angaben zu allgemeinen Anforderungen und zu fest eingebauten Ausrüstungen ergänzt.

2 Feuerlöschfahrzeuge

Feuerlöschfahrzeuge werden in Löschfahrzeuge und Sonderlöschfahrzeuge unterteilt. Löschfahrzeuge sind Feuerwehrfahrzeuge, die mit einer Feuerlöschkreiselpumpe, einem Löschwasserbehälter und anderen zusätzlichen Geräten für die Brandbekämpfung ausgerüstet sind. Sonderlöschfahrzeuge sind Feuerwehrfahrzeuge mit spezieller Ausrüstung für die Brandbekämpfung, mit oder ohne spezielle Löschmittel.

2.1 Löschfahrzeuge

Löschfahrzeuge werden zur Brandbekämpfung, zur Wasserförderung und zur Durchführung technischer Hilfeleistungen kleineren Umfangs verwendet. Sie werden durch Kurzzeichen gekennzeichnet (zum Beispiel HLF 20). Die Buchstaben bezeichnen die Art des Fahrzeuges, die Zahlen geben Hinweise auf die Pumpenleistung oder das mitgeführte Löschwasser.

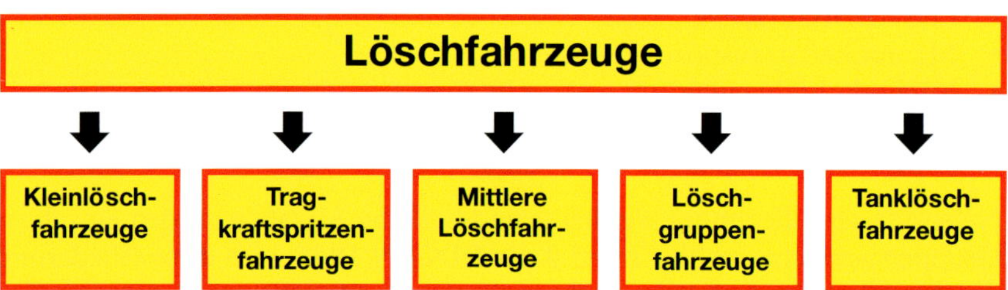

2.1.1 Kleinlöschfahrzeug KLF

Kleinlöschfahrzeuge sind Löschfahrzeuge mit einer eingeschobenen Tragkraftspritze, einem eingebauten Löschwasserbehälter, einer Schnellangriffseinrichtung Wasser und einer feuerwehrtechnischen Beladung für den Einsatz einer Gruppe. Die Besatzung besteht aus einer Staffel (1/5) und kann mit der zu einer Gruppe (1/8) ergänzten Besatzung eine selbstständige taktische Einheit bilden.

Das Kleinlöschfahrzeug KLF gemäß DIN 14530-24 wird aufgrund seiner Ausstattung und der mitgeführten Löschwassermenge überwiegend zur Brandbekämpfung verwendet, vor allem zur Einleitung erster Brandbekämpfungsmaßnahmen oder zur Bekämpfung von Kleinbränden.

Abbildung 2: Kleinlöschfahrzeug KLF (Quelle: Uwe Bunzel, Frankfurt am Main)

Wesentliche Merkmale eines Kleinlöschfahrzeuges KLF sind:

- Das Fahrgestell mit Doppelkabine für die Besatzung und abgesetztem Kofferaufbau, mit einer zulässigen Gesamtmasse von maximal 4.750 Kilogramm, mit Straßenantrieb
- Der Fahrer- und Mannschaftsraum für die Aufnahme einer Staffel (1/5) als Besatzung (Fahrerraum: 1+1, Mannschaftsraum: 4)

- Die im Heck eingeschobene Tragkraftspritze PFPN 10-1000 (Nennförderstrom 1.000 Liter pro Minute, bei Nennförderdruck 10 bar). Der A-Sauganschluss der Pumpe ist über ein Umschaltorgan Saugbetrieb/Tankbetrieb mit dem Löschwasserbehälter verbunden, der B-Druckausgang der Pumpe mit der Schnellangriffseinrichtung Wasser. Der Betrieb der Tragkraftspritze ist möglich, ohne dass sie aus dem Fahrzeug entnommen wird. Die Tragkraftspritze ist aber so untergebracht, dass sie bei Bedarf einfach und schnell aus dem Fahrzeug entnommen werden kann.
- Der Löschwasserbehälter mit einem Inhalt von mindestens 500 Liter
- Die für einen Schnellangriff an die Tragkraftspritze anschließbaren und in Buchten gelagerten zwei Druckschläuche C 42-15 (oder D 25-15) mit einem angekuppelten Hohlstrahlrohr C oder D
- Die Lagerung der einzelnen Steckleiterteile auf dem Aufbaudach; eine Lagerung innerhalb der Geräteräume ist ebenfalls zulässig
- Die vollständig vorhandene Standardbeladung und eine Zusatzbeladung (zum Beispiel Motorsäge, Strom, Beleuchtung, Schaum) entsprechend den einsatztaktischen Erfordernissen, abhängig von den verbleibenden Raum- und Massenreserven.

2.1.2 Tragkraftspritzenfahrzeuge

Tragkraftspritzenfahrzeuge sind Löschfahrzeuge mit einer eingeschobenen oder eingebauten Tragkraftspritze, mit oder ohne eingebautem Löschwasserbehälter, mit oder ohne Schnellangriffseinrichtung Wasser und einer feuerwehrtechnischen Beladung für eine Gruppe. Die Besatzung besteht aus einer Staffel (1/5) und kann mit der zu einer Gruppe (1/8) ergänzten Besatzung eine selbstständige taktische Einheit bilden.

Tragkraftspritzenfahrzeug TSF

Das Tragkraftspritzenfahrzeug TSF gemäß DIN 14530-16 wird aufgrund seiner speziellen Ausstattung überwiegend zur Brandbekämpfung verwendet. Viele kleinere Feuerwehren sind mit einem Tragkraftspritzenfahrzeug durchaus angemessen ausgerüstet und können bis zum Eintreffen weiterer taktischer Einheiten auch wirksame Einsatzmaßnahmen einleiten.

Abbildung 3: Tragkraftspritzenfahrzeug TSF (Quelle: COMPOINT GmbH & Co. KG, Forchheim)

Wesentliche Merkmale eines Tragkraftspritzenfahrzeuges TSF sind:

- Das Fahrgestell mit Doppelkabine für die Besatzung und abgesetztem Kofferaufbau, mit einer zulässigen Gesamtmasse von maximal 4.750 Kilogramm, mit Straßenantrieb

- Aus Gründen des Fahrerlaubnisrechts ist auch eine zulässige Gesamtmasse von maximal 3.500 Kilogramm möglich.
- Der Fahrer- und Mannschaftsraum für die Aufnahme einer Staffel (1/5) als Besatzung (Fahrerraum: 1+1, Mannschaftsraum: 4)
- Die eingeschobene, entnehmbare Tragkraftspritze PFPN 10-1000 (Nennförderstrom 1.000 Liter pro Minute bei Nennförderdruck 10 bar)
- Die Lagerung der einzelnen Steckleiterteile auf dem Aufbaudach; eine Lagerung der Leiterteile innerhalb der Geräteräume ist ebenfalls zulässig
- Die vollständig vorhandene Standardbeladung.

■ Tragkraftspritzenfahrzeug TSF-W

Das Tragkraftspritzenfahrzeug TSF-W gemäß DIN 14530-17 wird aufgrund seiner speziellen Ausstattung und der mitgeführten Löschwassermenge überwiegend zur Brandbekämpfung verwendet, vor allem zur Einleitung erster Brandbekämpfungsmaßnahmen oder zur Bekämpfung von Kleinbränden, auch an Einsatzstellen mit unzureichender Wasserversorgung.

Wesentliche Merkmale eines Tragkraftspritzenfahrzeuges TSF-W sind:

- Das Fahrgestell mit Doppelkabine für die Besatzung und abgesetztem Kofferaufbau, mit einer zulässigen Gesamtmasse von maximal 7.500 Kilogramm, mit Straßenantrieb
- Der Fahrer- und Mannschaftsraum für die Aufnahme einer Staffel (1/5) als Besatzung (Fahrerraum: 1+1, Mannschaftsraum: 4)
- Die im Heck eingeschobene Tragkraftspritze PFPN 10-1000 (Nennförderstrom 1.000 Liter pro Minute, bei Nennförderdruck 10 bar); der A-Sauganschluss der Pumpe ist über ein Umschaltorgan Saugbetrieb/Tankbetrieb mit dem Löschwasserbehälter verbunden, der B-Druckausgang der Pumpe mit der Schnellangriffseinrichtung Wasser. Der Betrieb der Tragkraftspritze ist möglich, ohne dass sie aus dem Fahrzeug entnommen wird. Die Tragkraftspritze ist aber so untergebracht, dass sie bei Bedarf einfach und schnell aus dem Fahrzeug entnommen werden kann.
- Der Löschwasserbehälter mit einem nutzbaren Inhalt von mindestens 500 Liter oder bei vorhandener Massenreserve bis maximal 750 Liter

Abbildung 4: Tragkraftspritzenfahrzeug TSF-W (Quelle: Schlingmann GmbH & Co. KG, Dissen)

- Die für einen Schnellangriff an die Tragkraftspritze anschließbaren und in Buchten gelagerten zwei Druckschläuche C 42-15 (oder D 25-15) mit einem angekuppelten Hohlstrahlrohr C oder D oder auf Wunsch des Bestellers eine absperrbare Schnellangriffseinrichtung Wasser mit einer Schlauchhaspel mit 50 Meter formbeständigem Druckschlauch DN 25 oder 30 Meter formbeständigem Druckschlauch DN 33, jeweils mit einem Hohlstrahlrohr C oder D
- Die Lagerung der einzelnen Steckleiterteile auf dem Aufbaudach; eine Lagerung der Leiterteile innerhalb der Geräteräume ist ebenfalls zulässig
- Die vollständig vorhandene Standardbeladung und eine Zusatzbeladung (zum Beispiel Motorsäge, Strom, Beleuchtung, Schaum) entsprechend den einsatztaktischen Erfordernissen, abhängig von den verbleibenden Raum- und Massenreserven.

2.1.3 Mittleres Löschfahrzeug MLF

Mittlere Löschfahrzeuge sind Löschfahrzeuge mit einer vom Fahrzeugmotor angetriebenen Feuerlöschkreiselpumpe, einem eingebauten Löschwasserbehälter, einer Schnellangriffseinrichtung Wasser und einer feuerwehrtechnischen Beladung für den Einsatz einer Gruppe. Die Besatzung besteht aus einer Staffel (1/5) und kann mit der zu einer Gruppe (1/8) ergänzten Besatzung eine selbstständige taktische Einheit bilden. Das Mittlere Löschfahrzeug gemäß DIN 14530-25 wird aufgrund seiner Ausstattung und der mitgeführten Löschwassermenge überwiegend zur Brandbekämpfung verwendet.

Wesentliche Merkmale eines Mittleren Löschfahrzeuges MLF sind:

- Das Fahrgestell mit Doppelkabine für die Besatzung und abgesetztem Kofferaufbau, mit einer zulässigen Gesamtmasse von maximal 7.500 Kilogramm (oder maximal 9.000 Kilogramm), vorrangig mit Straßenantrieb oder auf Wunsch des Bestellers mit Allradantrieb
- Der Fahrer- und Mannschaftsraum für die Aufnahme einer Staffel (1/5) als Besatzung (Fahrerraum: 1+1, Mannschaftsraum: 4)
- Auf Wunsch des Bestellers eine selbsttätige Bolzenkupplung und/oder eine Kupplungskugel; bei der Verwendung ist im Fahrbetrieb die zulässige Gesamtmasse zu beachten
- Die vom Fahrzeugmotor angetriebene Feuerlöschkreiselpumpe FPN 10-1000 (Nennförderstrom 1.000 Liter pro Minute, bei Nennförderdruck 10 bar) mit einem A-Sauganschluss, mindestens zwei absperrbaren B-Druckabgängen und einem Umschaltorgan für Saugbetrieb/Tankbetrieb
- Der Löschwasserbehälter mit einem nutzbaren Inhalt von mindestens 600 Liter oder bei notwendigen einsatztaktischen Erfordernissen und vorhandener Massenreserve bis maximal 1.000 Liter
- Die für einen Schnellangriff an die Feuerlöschkreiselpumpe anschließbaren und in Buchten gelagerten zwei Druckschläuche C 42-15 (oder D 25-15) mit einem angekuppelten Hohlstrahlrohr C oder D oder auf Wunsch des Bestellers eine absperrbare Schnellangriffseinrichtung Wasser mit einer Schlauchhaspel mit 50 Meter formbeständigem Druckschlauch DN 25 oder mit 30 Meter formbeständigem Druckschlauch DN 33, jeweils mit einem Hohlstrahlrohr C oder D

- Die vollständig vorhandene Standardbeladung und eine Zusatzbeladung (zum Beispiel Motorsäge, Strom, Beleuchtung, Schaum) entsprechend den einsatztaktischen Erfordernissen, abhängig von den verbleibenden Raum- und Massenreserven.

Abbildung 5: Mittleres Löschfahrzeug MLF (Quelle: Schlingmann GmbH & Co. KG, Dissen)

2.1.4 Löschgruppenfahrzeuge

Löschgruppenfahrzeuge sind Löschfahrzeuge mit einer vom Fahrzeugmotor angetriebenen Feuerlöschkreiselpumpe, eingebauten Löschmittelbehältern, einer Schnellangriffseinrichtung Wasser und einer feuerwehrtechnischen Beladung. Die Besatzung besteht aus einer Gruppe (1/8). Löschgruppenfahrzeuge sind in der Regel die zuerst ausrückenden Einsatzfahrzeuge der Feuerwehr, da sie die notwendigen Ausstattungen und Ausrüstungen sowohl für die Brandbekämpfung als auch für die Hilfeleistung mitführen. Sie bilden mit ihrer Besatzung eine selbstständige taktische Einheit.

Es gibt fünf verschiedene genormte Baugrößen dieses Fahrzeugtyps, die sich hinsichtlich des Volumens ihrer Löschwasserbehälter, ihrer Pumpenleistung, ihrer Beladung und ihrer jeweiligen Aufgabenstellung unterscheiden.

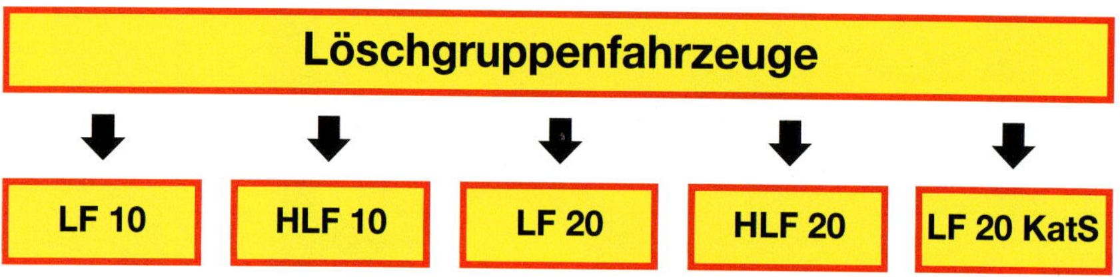

■ Löschgruppenfahrzeug LF 10 und HLF 10

Das Löschgruppenfahrzeug LF 10 gemäß DIN 14530-5 wird aufgrund seiner speziellen Ausstattung und der mitgeführten Löschwassermenge überwiegend zur Brandbekämpfung, zum Fördern von Wasser und zum Durchführen einfacher technischer Hilfeleistungen kleineren Umfangs verwendet.

Das Hilfeleistungs-Löschgruppenfahrzeug HLF 10 gemäß DIN 14530-26 wird überwiegend zur Brandbekämpfung, zum Fördern von Wasser und zum Durchführen technischer Hilfeleistungen verwendet. Gegenüber einem Löschgruppenfahrzeug LF 10 verfügt dieses Löschgruppenfahrzeug über eine erweiterte Beladung für die Technische Hilfeleistung bei gleichzeitig reduziertem Inhalt des Löschwasserbehälters.

Abbildung 6: Löschgruppenfahrzeug LF 10 (Quelle: Schlingmann GmbH & Co. KG, Dissen)

Wesentliche Merkmale eines Löschgruppenfahrzeuges LF 10 beziehungsweise eines Hilfeleistungs-Löschgruppenfahrzeuges HLF 10 sind:

- Das Fahrgestell mit einer Kabine für die Besatzung und abgesetztem Kofferaufbau, mit einer zulässigen Gesamtmasse von maximal 14.000 Kilogramm, vorrangig mit Allradantrieb (geländefähig), möglichst mit spurgleicher Singlebereifung, oder mit Straßenantrieb
- Der Fahrer- und Mannschaftsraum für die Aufnahme einer Gruppe (1/8) als Besatzung, mit zwei im Mannschaftsraum untergebrachten Pressluftatmern mit den dazugehörenden Atemanschlüssen, die so untergebracht sind, dass sie während der Fahrt angelegt werden können

- Die vom Fahrzeugmotor angetriebene Feuerlöschkreiselpumpe FPN 10-1000 (Nennförderstrom 1.000 Liter pro Minute, bei Nennförderdruck 10 bar) mit einem A-Sauganschluss, zwei absperrbaren B-Druckabgängen und einem Umschaltorgan für Saugbetrieb/Tankbetrieb
- Der Löschwasserbehälter mit einem nutzbaren Inhalt von 1.200 Liter bei einem LF 10 beziehungsweise 1.000 Liter bei einem HLF 10
- Die für einen Schnellangriff an die Feuerlöschkreiselpumpe anschließbaren und in Buchten gelagerten zwei Druckschläuche C 42-15 (oder D 25-15) mit einem angekuppelten Hohlstrahlrohr C oder D oder auf Wunsch des Bestellers eine absperrbare Schnellangriffseinrichtung Wasser mit einer Schlauchhaspel mit 50 Meter formbeständigem Druckschlauch DN 25 oder mit 30 Meter formbeständigem Druckschlauch DN 33, jeweils mit einem Hohlstrahlrohr C oder D
- Die mitgeführte Schaummittelmenge, die einen 10minütigen Einsatz eines Kombinations-Schaumstrahlrohres S4/M4 ermöglicht; eine Druckzumischanlage ist zulässig. Bei einem fest eingebauten Schaummittelbehälter entfallen die zur Standardbeladung gehörenden sechs Schaummittelbehälter, der Zumischer und der Ansaugschlauch.
- Die vollständig vorhandene Standardbeladung und eine Zusatzbeladung entsprechend den einsatztaktischen Erfordernissen, abhängig von den verbleibenden Raum- und Massenreserven.

■ Löschgruppenfahrzeug LF 20 und HLF 20

Das Löschgruppenfahrzeug LF 20 gemäß DIN 14530-11 wird aufgrund seiner speziellen Ausstattung und der mitgeführten Löschwassermenge überwiegend zur Brandbekämpfung, zum Fördern von Wasser und zum Durchführen einfacher technischer Hilfeleistungen kleineren Umfangs verwendet. Das Hilfeleistungs-Löschgruppenfahrzeug HLF 20 gemäß DIN 14530-27 wird überwiegend zur Brandbekämpfung, zum Fördern von Wasser und zum Durchführen technischer Hilfeleistungen verwendet. Gegenüber einem Löschgruppenfahrzeug LF 20 verfügt dieses Löschgruppenfahrzeug über eine festgelegte erweiterte Beladung für die Technische Hilfeleistung bei gleichzeitig reduziertem Inhalt des Löschwasserbehälters.

Abbildung 7: Löschgruppenfahrzeug LF 20 (Quelle: Schlingmann GmbH & Co. KG, Dissen)

Wesentliche Merkmale eines Löschgruppenfahrzeuges LF 20 beziehungsweise eines Hilfeleistungs-Löschgruppenfahrzeuges HLF 20 sind:

- Das Fahrgestell mit einer Kabine für die Besatzung und abgesetztem Kofferaufbau, mit einer zulässigen Gesamtmasse von maximal 16.000 Kilogramm, vorrangig mit Allradantrieb (geländefähig), möglichst mit spurgleicher Singlebereifung, oder mit Straßenantrieb
- Der Fahrer- und Mannschaftsraum für die Aufnahme einer Gruppe (1/8) als Besatzung, mit zwei im Mannschaftsraum untergebrachten Pressluftatmern mit den dazugehörenden Atemanschlüssen, die so untergebracht sind, dass sie während der Fahrt angelegt werden können

- Die vom Fahrzeugmotor angetriebene Feuerlöschkreiselpumpe FPN 10-2000 (Nennförderstrom 2.000 Liter pro Minute, bei Nennförderdruck 10 bar) mit einem A-Sauganschluss, vier absperrbaren B-Druckabgängen und einem Umschaltorgan für Saugbetrieb/Tankbetrieb
- Der Löschwasserbehälter mit einem nutzbaren Inhalt von 2.000 Liter bei einem LF 20 beziehungsweise 1.600 Liter bei einem HLF 20
- Die für einen Schnellangriff an die Feuerlöschkreiselpumpe anschließbaren und in Buchten gelagerten zwei Druckschläuche C 42-15 (oder D 25-15) mit einem angekuppelten Hohlstrahlrohr C oder D oder auf Wunsch des Bestellers eine absperrbare Schnellangriffseinrichtung Wasser mit einer Schlauchhaspel mit 50 Meter formbeständigem Druckschlauch DN 25 oder mit 30 Meter formbeständigem Druckschlauch DN 33, jeweils mit einem Hohlstrahlrohr C oder D
- Die mitgeführte Schaummittelmenge, die einen zehnminütigen Einsatz eines Kombinations-Schaumstrahlrohres S4/M4 ermöglicht; eine Druckzumischanlage ist zulässig. Bei einem fest eingebauten Schaummittelbehälter entfallen die zur Standardbeladung gehörenden sechs Schaummittelbehälter, der Zumischer und der Ansaugschlauch.
- Die am Heck des Fahrzeuges angebrachte fahrbare Schlauchhaspel
- Die ständig betriebsbereite Einsatzstellenbeleuchtung mit zwei Flutlichtstrahlern mit je 1.000 Watt auf einem handkurbelbetriebenen, pneumatischen oder elektrisch betriebenen Lichtmast
- Die vollständig vorhandene Standardbeladung und eine Zusatzbeladung entsprechend den einsatztaktischen Erfordernissen, abhängig von den verbleibenden Raum- und Massenreserven.

■ Löschgruppenfahrzeug LF 20 KatS für den Katastrophenschutz

Das Löschgruppenfahrzeug LF 20 KatS gemäß DIN 14530-8 wird aufgrund seiner Ausstattung vornehmlich zur Brandbekämpfung, zum Fördern von Wasser auch über größere Entfernungen und zur Durchführung einfacher technischer Hilfeleistungen kleineren Umfangs verwendet.

Abbildung 8: Löschgruppenfahrzeug LF 20 KatS (Quelle: Josef Lentner GmbH, Hohenlinden)

Mit dem mitgeführten Schlauchmaterial und den beiden Feuerlöschkreiselpumpen ist dieses Löschgruppenfahrzeug besonders für Einsätze in Bereichen mit einer unzureichenden oder unterbrochenen Löschwasserversorgung geeignet. Darüber hinaus dient das Löschgruppenfahrzeug LF 20 KatS zur Unterstützung von kommunalen Feuerwehren und Landeseinheiten bei größeren Schadenslagen und Katastrophen. Es kann in die vor Ort bestehenden Feuerwehrstrukturen eingebunden und entsprechend eingesetzt werden.

Wesentliche Merkmale eines Löschgruppenfahrzeuges LF 20 KatS sind:

- Das Fahrgestell mit einer Kabine für die Besatzung und abgesetztem Kofferaufbau, mit einer zulässigen Gesamtmasse von maximal 16.000 Kilogramm, mit Allradantrieb, möglichst mit spurgleicher Singlebereifung sowie Differenzialsperren längs und quer

- Der Fahrer- und Mannschaftsraum für die Aufnahme einer Gruppe (1/8) als Besatzung, mit zwei im Mannschaftsraum untergebrachten Pressluftatmern mit den dazugehörenden Atemanschlüssen, die so untergebracht sind, dass sie während der Fahrt angelegt werden können
- Die vom Fahrzeugmotor angetriebene Feuerlöschkreiselpumpe FPN 10-2000 (Nennförderstrom 2.000 Liter pro Minute, bei Nennförderdruck 10 bar) mit einem A-Sauganschluss, vier absperrbaren B-Druckabgängen und einem Umschaltorgan für Saugbetrieb/Tankbetrieb
- Die zur Beladung gehörende Tragkraftspritze PFPN 10-2000
- Der Löschwasserbehälter mit einem Inhalt von mindestens 1.000 Liter
- Die für einen Schnellangriff schnell und einfach an die Feuerlöschkreiselpumpe anschließbaren und in Buchten gelagerten zwei Druckschläuche C 42-15 mit einem angekuppelten Hohlstrahlrohr C
- Die im Heck in Buchten gelagerten B-Druckschläuche, zur Verlegung bei verhaltener Fahrt des Fahrzeuges
- Die mitgeführte Schaummittelmenge, die einen zehnminütigen Einsatz eines Kombinations-Schaumstrahlrohres S4/M4 ermöglicht; eine Druckzumischanlage und ein fest eingebauter Schaummittelbehälter sind zulässig
- Die ständig betriebsbereite Einsatzstellenbeleuchtung mit zwei Flutlichtstrahlern auf einem manuell aufklappbaren und ausziehbaren Lichtmast.
- Die vollständig vorhandene Standardbeladung.

2.1.5 Tanklöschfahrzeuge

Tanklöschfahrzeuge sind Löschfahrzeuge mit einer vom Fahrzeugmotor angetriebenen Feuerlöschkreiselpumpe, eingebauten Löschmittelbehältern, einer Schnellangriffseinrichtung Wasser, weiteren löschtechnischen Einrichtungen und einer feuerwehrtechnischen Beladung. Die Besatzung besteht aus einem Trupp (1/2). Tanklöschfahrzeuge haben aufgrund ihrer Löschwasserbehälter die vorrangige Aufgabe Löschwasser bereitzustellen, unabhängig vom Aufbau einer Löschwasserversorgung. Fehlen im Bereich einer Einsatzstelle geeignete Löschwasserentnahmestellen – zum Beispiel außerhalb bebauter Gebiete – können Tanklöschfahrzeuge im Pendelverkehr zwischen weit entfernt liegenden Löschwasserentnahmestellen und der Einsatzstelle verwendet werden. Darüber hinaus eignen sie sich für die

Bekämpfung von Flächenbränden vom fahrenden Fahrzeug aus (mit Sonderausrüstung) und für die Brauchwasserversorgung der Bevölkerung bei öffentlichen Notständen.

■ Tanklöschfahrzeug TLF 2000

Das Tanklöschfahrzeug TLF 2000 gemäß DIN 14530-18 wird aufgrund seiner Ausstattung und der mitgeführten Löschwassermenge vorrangig zur Bereitstellung von Löschwasser in schwer zugänglichen Gebieten und besonders zur Waldbrandbekämpfung verwendet.

Wesentliche Merkmale eines Tanklöschfahrzeuges TLF 2000 sind:

- Das Fahrgestell mit einer Kabine für die Besatzung und abgesetztem Kofferaufbau, mit einer zulässigen Gesamtmasse von maximal 14.000 Kilogramm, mit Allradantrieb (geländefähig), möglichst mit spurgleicher Singlebereifung, sowie Differenzialsperren längs und quer
- Der Fahrerraum für die Aufnahme eines Trupps (1/2) als Besatzung
- Die vom Fahrzeugmotor angetriebene Feuerlöschkreiselpumpe FPN 10-1000 (Nennförderstrom 1.000 Liter pro Minute, bei Nennförderdruck 10 bar) mit einem A-Sauganschluss, zwei absperrbaren B-Druckabgängen und einem Umschaltorgan für Saugbetrieb/Tankbetrieb; ein eingeschränkter Fahr- und Pumpenbetrieb ist gleichzeitig möglich
- Der Löschwasserbehälter mit einem Inhalt von mindestens 2.000 Liter; bei einem besonders kompakten Fahrgestell darf der Inhalt auf Wunsch des Bestellers auf mindestens 1.800 Liter reduziert werden

Abbildung 9: Tanklöschfahrzeug TLF 2000 (Quelle: Schlingmann GmbH & Co. KG, Dissen)

- Die für einen Schnellangriff an die Feuerlöschkreiselpumpe anschließbaren und in Buchten gelagerten zwei Druckschläuche C 42-15 (oder D 25-15) mit einem angekuppelten Hohlstrahlrohr C oder D oder auf Wunsch des Bestellers eine absperrbare Schnellangriffseinrichtung Wasser mit einer Schlauchhaspel mit 50 Meter formbeständigem Druckschlauch DN 25 oder mit 30 Meter formbeständigem Druckschlauch DN 33, jeweils mit einem Hohlstrahlrohr C oder D
- Die auf Wunsch des Bestellers mitgeführte Schaummittelmenge, die einen zehnminütigen Einsatz eines Kombinations-Schaumstrahlrohres S4/M4 ermöglicht; eine Druckzumischanlage ist zulässig.

- Der auf Wunsch des Bestellers fest aufgebaute Wasserwerfer mit einer einstellbaren Durchflussrate bis 400 Liter pro Minute; der Wasserwerfer ist mittig und möglichst weit vorn auf dem Dach angeordnet.
- Die vollständig vorhandene Standardbeladung und auf Wunsch des Bestellers eine Zusatzbeladung für die Bekämpfung von Waldbränden.

■ Tanklöschfahrzeug TLF 3000

Das Tanklöschfahrzeug TLF 3000 gemäß DIN 14530-22 wird aufgrund seiner Ausstattung und der mitgeführten Löschwassermenge vorrangig zur Bereitstellung einer größeren Löschwassermenge insbesondere in wasserarmen Gebieten und außerhalb befestigter Straßen verwendet. Es ist besonders zur Waldbrandbekämpfung geeignet.

Wesentliche Merkmale eines Tanklöschfahrzeuges TLF 3000 sind:

- Das Fahrgestell mit einer Kabine für die Besatzung und abgesetztem Kofferaufbau, mit einer zulässigen Gesamtmasse von maximal 14.000 Kilogramm, mit Allradantrieb (geländefähig), möglichst mit spurgleicher Singlebereifung, sowie Differenzialsperren längs und quer
- Der Fahrerraum für die Aufnahme eines Trupps (1/2) als Besatzung
- Die vom Fahrzeugmotor angetriebene Feuerlöschkreiselpumpe FPN 10-2000 (Nennförderstrom 2.000 Liter pro Minute, bei Nennförderdruck 10 bar) mit einem A-Sauganschluss, vier absperrbaren B-Druckabgängen und einem Umschaltorgan für Saugbetrieb/Tankbetrieb; ein eingeschränkter Fahr- und Pumpenbetrieb ist gleichzeitig möglich
- Der Löschwasserbehälter mit einem Inhalt von mindestens 3.000 Liter
- Die für einen Schnellangriff an die Feuerlöschkreiselpumpe anschließbaren und in Buchten gelagerten zwei Druckschläuche C 42-15 (oder D 25-15) mit einem angekuppelten Hohlstrahlrohr C oder D oder auf Wunsch des Bestellers eine absperrbare Schnellangriffseinrichtung Wasser mit einer Schlauchhaspel mit 50 Meter formbeständigem Druckschlauch DN 25 oder mit 30 Meter formbeständigem Druckschlauch DN 33, jeweils mit einem Hohlstrahlrohr C oder D

Abbildung 10: Tanklöschfahrzeug TLF 3000 (Quelle: Schlingmann GmbH & Co. KG, Dissen)

- Die mitgeführte Schaummittelmenge, die einen zehnminütigen Einsatz eines Kombinations-Schaumstrahlrohres S4/M4 ermöglicht; eine Druckzumischanlage ist zulässig. Bei einem fest eingebauten Schaummittelbehälter entfallen die zur Standardbeladung gehörenden sechs Schaummittelbehälter, der Zumischer und der Ansaugschlauch.
- Die auf Wunsch des Bestellers vor der Vorder- und der Hinterachse eingebaute Selbstschutzanlage, die aus Flächensprühdüsen besteht, die die Fahrbahn und gefährdete Teile des Fahrgestells schützen
- Der auf Wunsch des Bestellers fest aufgebaute Wasserwerfer mit einer Durchflussrate von 400 bis 1.000 Liter pro Minute; der Wasserwerfer ist mittig und möglichst weit vorn auf dem Dach angeordnet. Er kann in einem Schwenkbereich von 240 Grad gefahrlos bedient werden.

- Das auf Wunsch des Bestellers als Ergänzung zu dem Wasserwerfer auf dem Dach angeschlossene handgeführte Strahlrohr mit einer Durchflussrate bis 400 Liter pro Minute
- Die vollständig vorhandene Standardbeladung und auf Wunsch des Bestellers eine Zusatzbeladung für die Bekämpfung von Waldbränden.

■ Tanklöschfahrzeug TLF 4000

Das Tanklöschfahrzeug TLF 4000 gemäß DIN 14530-21 wird aufgrund seiner Ausstattung, der mitgeführten Löschwasser- und Schaummittelmenge und des fest montierten Schaum-/Wasserwerfers vorrangig zur Bereitstellung einer größeren Löschwassermenge, dem Nachschub von Löschwasser sowie der Bereitstellung von Sonderlöschmitteln für den Ersteinsatz verwendet. Für dieses Tanklöschfahrzeug ist eine ausreichende Gewichtsreserve vorgesehen, um den Einbau einer Pulverlösch- oder Kohlendioxidlöschanlage oder eines größeren Löschwasser- und/oder Schaummittelbehälters zu ermöglichen. Der Einbau einer Pulverlöschanlage wird mit dem Fahrzeugkurzzeichen „PTLF 4000“ kenntlich gemacht.

Wesentliche Merkmale eines Tanklöschfahrzeuges TLF 4000 sind:

- Das Fahrgestell mit einer Kabine für die Besatzung und abgesetztem Kofferaufbau, mit einer zulässigen Gesamtmasse von maximal 16.000 Kilogramm (oder größer 16.000 Kilogramm), vorrangig mit Allradantrieb, möglichst mit spurgleicher Singlebereifung, sowie Differenzialsperren längs und quer, oder mit Straßenantrieb
- Der Fahrerraum für die Aufnahme eines Trupps (1/2) als Besatzung
- Die vom Fahrzeugmotor angetriebene Feuerlöschkreiselpumpe FPN 10-2000 (Nennförderstrom 2.000 Liter pro Minute, bei Nennförderdruck 10 bar) mit einem A-Sauganschluss, vier absperrbaren B-Druckabgängen und einem Umschaltorgan für Saugbetrieb/Tankbetrieb; ein eingeschränkter Fahr- und Pumpenbetrieb ist gleichzeitig möglich
- Der Löschwasserbehälter mit einem Inhalt von mindestens 4.000 Liter

Abbildung 11: Tanklöschfahrzeug TLF 4000 (Quelle: Schlingmann GmbH & Co. KG)

- Die für einen Schnellangriff an die Feuerlöschkreiselpumpe anschließbaren und in Buchten gelagerten zwei Druckschläuche C 42-15 (oder D 25-15) mit einem angekuppelten Hohlstrahlrohr C oder D oder auf Wunsch des Bestellers eine absperrbare Schnellangriffseinrichtung Wasser mit einer Schlauchhaspel mit 50 Meter formbeständigem Druckschlauch DN 25 oder mit 30 Meter formbeständigem Druckschlauch DN 33, jeweils mit einem Hohlstrahlrohr C oder D
- Der Schaummittelbehälter mit einem Inhalt von mindestens 500 Liter; ein Füllen des Behälters aus Kanistern ist durch eine Deckelöffnung im Schaummittelbehälter möglich. Die Schaummittelentnahmeleitung endet in jeweils einem absperrbaren D-Anschluss außerhalb der Geräteräume

bei den B-Druckabgängen links und rechts. Auf Wunsch des Bestellers kann auch eine Druckzumischanlage (DZA) oder eine Druckluftschaumanlage (DLS) eingebaut werden. In diesen Fällen können die absperrbaren D-Schaummittelentnahmeleitungen und die in der Beladung aufgeführten Zumischer und Ansaugschläuche entfallen.

- Der fest aufgebaute Schaum-/Wasserwerfer mit einem Durchfluss von 1.600 Liter pro Minute, der während verhaltener Fahrt betrieben werden kann; der Wasserwerfer ist mittig und möglichst weit vorn auf dem Dach angeordnet. Der Schwenkbereich des Schaum-/Wasserwerfers beträgt waagerecht mindestens 120 Grad nach beiden Seiten, senkrecht etwa 15 Grad nach unten und mindestens 60 Grad nach oben.
- Die auf Wunsch des Bestellers vor der Vorder- und der Hinterachse eingebaute Selbstschutzanlage, die aus Flächensprühdüsen besteht, die die Fahrbahn und gefährdete Teile des Fahrgestells schützen
- Die vollständig vorhandene Standardbeladung und auf Wunsch des Bestellers eine Zusatzbeladung für die Bekämpfung von Waldbränden.

2.2 Sonderlöschfahrzeuge

Neben den genormten Löschfahrzeugen werden sowohl von kommunalen Feuerwehren als auch von Werk- und Flughafenfeuerwehren in Bereichen mit besonderen Brandrisiken und spezifischen Gefahren Sonderlöschfahrzeuge eingesetzt. Die Löschmittel Wasser, Pulver, Schaummittel oder Kohlendioxid werden bei diesen Fahrzeugen oftmals in größeren Mengen einzeln oder auch gleichzeitig mitgeführt. Die jeweiligen Ausführungen der Sonderlöschfahrzeuge sind nicht genormt, sondern den jeweiligen örtlichen oder betrieblichen Gegebenheiten und den sich daraus ergebenden einsatztaktischen Erfordernissen angepasst. Die Anforderungen bezüglich der löschtechnischen Einrichtungen entsprechen aber oft den allgemeinen Anforderungen entsprechend der üblichen Normen für vergleichbare Feuerwehrfahrzeuge.

Abbildung 12: Sonderlöschfahrzeug SLF (Quelle: GIMAEX GmbH, Wilnsdorf)

Bei Werkfeuerwehren in Einrichtungen mit besonderen Risiken (Industrie, Chemie, Raffinerie oder ähnlich) kommt es darauf an, schon im ersten Abmarsch Löschfahrzeuge mit großem Leistungsvermögen und angemessenen Löschmittelmengen einzusetzen. So werden zum Beispiel Fahrzeuge mit entsprechenden zulässigen Gesamtmassen vorgehalten, die mit leistungsstarken Feuerlöschkreiselpumpen, leistungsfähigen Zumischanlagen, Dachmonitoren, auch fernbedienbar, verschiedenen Löschmitteln in größeren Mengen sowie umfangreichen Beladungen für die Brandbekämpfung und die Technische Hilfeleistung ausgerüstet sind.

Flughafen- und Flugfeldlöschfahrzeuge stellen entsprechend den Richtlinien der „International Civil Aviation Organization“ (ICAO) den Brandschutz auf einem Flughafengelände sicher. Als Flughafenlöschfahrzeug werden alle im Bereich eines Flughafens stationierten Löschfahrzeuge, auch die Einsatzfahrzeuge für den Gebäudebrandschutz sowie alle Sonderlöschfahrzeuge bezeichnet. Als Flugfeldlöschfahrzeug werden dagegen die Löschfahrzeuge bezeichnet, die speziell für den Flugzeugbrandschutz auf Start- und Landebahnen sowie dem Roll- und Vorfeld vorgehalten werden.

Abbildung 13: Flughafenlöschfahrzeuge FLF (Quelle: Rosenbauer International AG)

Bei Flugfeldlöschfahrzeugen werden neben der großen Menge an Löschmitteln besondere Anforderungen an die Fahrgestelle, an das Beschleunigungsvermögen und die mögliche Fahrgeschwindigkeit gestellt, um die nach internationalen Maßstäben geforderten Mindesteingreifzeiten zu erfüllen. Die Abgabe der Löschmittel erfolgt über Dach- oder Frontwerfer oder über einen speziellen Löscharm. Für die Einsetzbarkeit außerhalb des befestigten Flugfeldes wird zusätzlich eine entsprechende Geländegängigkeit gefordert.

2.3 Selbstkontrolle und Testfragen

(Lösungen siehe Seite 100)

1. Welche Arten von Löschfahrzeugen sind genormt?

a) Löschgruppenfahrzeuge
b) Tanklöschfahrzeuge
c) Trupplöschfahrzeuge
d) Flughafenlöschfahrzeuge
e) Tragkraftspritzenfahrzeuge

2. Welche Löschfahrzeuge sind mit einem Löschwasserbehälter ausgerüstet?

a) Löschgruppenfahrzeug LF 10
b) Löschgruppenfahrzeug HLF 20
c) Tanklöschfahrzeug TLF 2000
d) Tragkraftspritzenfahrzeug TSF

3. Welche Merkmale kennzeichnen ein Löschgruppenfahrzeug LF 10?

a) Die eingebaute Feuerlöschkreiselpumpe FPN 10-1000
b) Die tragbare Feuerlöschkreiselpumpe FPN 10-1000
c) Der Fahrer- und Mannschaftsraum für die Aufnahme einer Staffel
d) Der Fahrer- und Mannschaftsraum für die Aufnahme einer Gruppe
e) Der Löschwasserbehälter mit einem Inhalt von 1.200 Liter

4. Welche Merkmale kennzeichnen ein Tanklöschfahrzeug TLF 2000?

a) Die eingebaute Feuerlöschpumpe FPN 10-1000
b) Die eingebaute Feuerlöschpumpe FPN 10-2000
c) Der Fahrerraum für die Aufnahme eines Trupps
d) Der Fahrer- und Mannschaftsraum für die Aufnahme einer Staffel
e) Der Löschwasserbehälter mit einem Inhalt von 1.200 Liter
f) Der Löschwasserbehälter mit einem Inhalt von 2.000 Liter

5. Für welches Löschfahrzeug ist ein Löschwasserbehälter mit einem nutzbaren Inhalt von mindestens 500 Liter vorgesehen?

a) Für das Mittlere Löschfahrzeug MLF
b) Für das Löschgruppenfahrzeug LF 10
c) Für das Löschgruppenfahrzeug HLF 20
d) Für das Tragkraftspritzenfahrzeug TSF-W
e) Für das Kleinlöschfahrzeug KLF

6. Welche Merkmale kennzeichnen die Tragkraftspritzenfahrzeuge TSF und TSF-W?

a) Die feuerwehrtechnische Standardbeladung für technische Hilfeleistungen
b) Die mitgeführte Tragkraftspritze TS 16/8
c) Die mitgeführte Tragkraftspritze PFPN 10-1000
d) Der Fahrer- und Mannschaftsraum für die Aufnahme einer Staffel
e) Der Fahrer- und Mannschaftsraum für die Aufnahme einer Gruppe

7. Welche Merkmale kennzeichnen ein Industrielöschfahrzeug?

a) Die Einsetzbarkeit in Bereichen mit besonderen Risiken
b) Die ausschließliche Verwendung in Industriegebieten
c) Das Mitführen großer Mengen von Löschmitteln
d) Die leistungsstarken Feuerlöschkreiselpumpen und Dachmonitore
e) Die besonderen Anforderungen an das Beschleunigungsvermögen und die Fahrgeschwindigkeit

8. Welche Merkmale kennzeichnen ein Flughafenlöschfahrzeug?

a) Die große Menge der mitgeführten Löschmittel
b) Das besondere Beschleunigungsvermögen
c) Die Flugfähigkeit in niedrigen Höhen
d) Die umfangreiche Beladung für technische Hilfeleistungen
e) Die Einsetzbarkeit außerhalb des befestigten Flugfeldes

3 Hubrettungsfahrzeuge

Hubrettungsfahrzeuge werden in Drehleitern und Hubarbeitsbühnen unterteilt. Drehleitern sind Feuerwehrfahrzeuge mit kraftbetätigten ausschiebbaren Leitern, mit oder ohne Rettungskorb, die auf einem Untergestell schwenkbar und endlos drehbar montiert sind. Hubarbeitsbühnen sind Feuerwehrfahrzeuge mit kraftbetätigten ausschiebbaren Konstruktionen mit Rettungskorb, bestehend aus einem oder mehreren teleskopierbaren und gelenkartigen Mechanismen in Form von Auslegern, die ebenfalls auf einem Untergestell schwenkbar und endlos drehbar montiert sind.

3.1 Drehleitern

Drehleitern werden zur Rettung von Menschen und Tieren aus Höhen (oder Tiefen), als Angriffsweg für die Feuerwehr, zum Vortragen eines Löschangriffs oder für die technische Hilfeleistung verwendet.

Bei Drehleitern mit kombinierten Bewegungen (Automatik-Drehleitern DLA) gemäß DIN EN 14043 sind die Bewegungen Aufrichten/Senken, Ausfahren /Einfahren und Drehen rechts/links des Leitersatzes gleichzeitig ohne Begrenzung der Drehbewegung möglich. Bei Drehleitern mit aufeinanderfolgenden Bewegungen (Halbautomatik-Drehleitern DLS) gemäß DIN EN 14044 sind diese Bewegungen nicht gleichzeitig möglich. Bei diesen Drehleitern kann der Leitersatz zur selben Zeit immer nur aufgerichtet, gedreht und ausgefahren werden. Derartige Drehleitern werden bei deutschen Feuerwehren in der Regel nicht verwendet.

Drehleitern sind heute viel mehr als reine Rettungsgeräte, um Personen aus höher gelegenen Geschossen von Gebäuden oder sonstigen baulichen Anlagen zu retten. Gerade die Ausrüstung mit einem Rettungskorb hat dazu beigetragen, dass Drehleitern für viele zusätzliche Aufgaben genutzt werden können. Dies wird durch die unterschiedlichsten Anbauteile wie Krankentragenhalterung, Flutlichtstrahler, Wenderohre, Aufsätze für Wärmebildkameras oder für Lüftungsgeräte ermöglicht.

Wesentliche Merkmale der Drehleitern mit Rettungskorb DLAK sind:

- Die Fahrgestelle mit zulässigen Gesamtmassen von maximal 14.000 Kilogramm (DLAK 12/9 und 18/12) und von maximal 16.000 Kilogramm (DLAK 23/12), jeweils mit Straßenantrieb
- Die Fahrerräume für die Aufnahme eines Trupps (1/2) als Besatzung
- Der am Leitersatz fest angebrachte oder abnehmbare Rettungskorb, der durch ein automatisches System in jeder Lage des Leitersatzes weitgehend senkrecht zur lotrechten Achse in Arbeitsstellung gehalten wird
- Der am Drehgestell befestigte und mindestens mit diesem rotierende Hauptbedienstand sowie der im Rettungskorb eingebaute Bedienstand zur Steuerung aller Funktionen (außer Abstützen); die Steuerungen des Hauptbedienstandes haben im Verhältnis zu den Steuerungen des Rettungskorbbedienstandes Vorrang, ausgenommen die Not-Aus-Steuerung
- Die für die Bewegungen Aufrichten/Senken und Ausfahren/Einfahren und zur Verhinderung des Anstoßens des Leitersatzes an das Fahrerhaus, die Karosserie oder die Abstützung automatisch auslösenden Endschalter
- Die Einrichtungen, die verhindern, das Fahrzeug mit ausgefahrenen Abstützungen zu fahren oder das Fahrzeug zu fahren und gleichzeitig den Leitersatz zu betätigen
- Die Steuerung, die sicherstellt, dass die Sprossen der Leiterelemente sich überdecken und so ein sicheres Besteigen der Leiter ermöglicht wird
- Das Sprechverbindungssystem zwischen dem Hauptbedienstand und dem Rettungskorb, das eingeschaltet ist, sobald sich die Drehleiter in Arbeitsstellung befindet
- Die vollständig vorhandene Standardbeladung.

3.1.1 Drehleiter DLAK 12/9

Die Drehleiter DLAK 12/9 ist das kleinste genormte Hubrettungsfahrzeug. Sie wird in Bereichen eingesetzt, in denen teilweise auch eine dreiteilige Schiebleiter zur Rettung verwendet werden könnte, in denen aber aufgrund der örtlichen Gegebenheiten höhere Anforderungen bestehen, zum Beispiel hinsichtlich der Brandbekämpfung oder der Rettung von Personen aus Gebäuden unter Verwendung von Krankentragen. Die Nenn-Rettungshöhe beträgt 12 Meter, bei einer Nenn-Ausladung von 9 Metern. Mit dieser Drehleiter kann die Brüstungsoberkante eines Fensters im 4. Obergeschoss eines Gebäudes mit normalen Geschosshöhen erreicht werden.

Der einsatztaktische Vorteil dieser Drehleiter ist die Einsetzbarkeit in Bereichen mit enger Bebauung, Altstadtbereichen und Ähnlichem. Darüber hinaus wird sie von Feuerwehren in Gemeinden im meist ländlichen Bereich eingesetzt, in denen nur entsprechend hohe Gebäude vorhanden sind.

Abbildung 14: Drehleiter DLAK 12/9 (Quelle: GIMAEX GmbH, Wilnsdorf)

3.1.2 Drehleiter DLAK 18/12

Die Drehleiter DLAK 18/12 wird in Bereichen eingesetzt, in denen Gebäude mit mehreren Geschossen stehen, die mit einer dreiteiligen Schiebleiter nicht mehr erreicht werden können. Darüber hinaus wird sie auch in engen Innenstadt- oder Altstadtbereichen eingesetzt. Die Nenn-Rettungshöhe beträgt 18 Meter, bei einer Nenn-Ausladung von 12 Metern. Mit dieser Drehleiter kann die Brüstungsoberkante eines Fensters im 6. Obergeschoss eines Gebäudes mit normalen Geschosshöhen erreicht werden.

Die DLAK 18/12 wird vornehmlich bei Feuerwehren in Gemeinden und Städten eingesetzt, in denen nur entsprechend hohe Gebäude vorhanden sind. Mit dieser Drehleiter kann auch eine Rettungshöhe von 23 Meter erreicht werden (das heißt die Hochhausgrenze), dies jedoch nur bei einer Ausladung von etwa 6 Metern. Gegenüber einer DLAK 23/12 hat diese Drehleiter aber den Vorteil des Fahrgestells mit geringeren äußeren Abmessungen, eines kleineren Wendekreises und der geringeren Kosten.

Abbildung 15: Drehleiter DLAK 18/12 (Quelle: Uwe Bunzel, Frankfurt am Main)

3.1.3 Drehleiter DLAK 23/12

Die Drehleiter DLAK 23/12 wird in Bereichen von höheren Gebäuden eingesetzt. Mit ihr kann die Hochhausgrenze erreicht werden, das heißt, eine Nutzungseinheit in einem normalen Wohngebäude mit einer Fußbodenoberkante von 22 Metern über der Aufstellfläche für Feuerwehrfahrzeuge (Brüstungshöhe gleich 23 Meter). Die Nenn-Rettungshöhe beträgt 23 Meter, bei einer Nenn-Ausladung von 12 Metern.

Die Drehleiter DLAK 23/12 ist das am häufigsten beschaffte Hubrettungsfahrzeug in Deutschland und in der Regel auch die „Standard-Drehleiter" der Feuerwehren in größeren Gemeinden und Städten sowie der Berufsfeuerwehren. Dies insbesondere auch deshalb, da mit dieser Drehleiter der geforderte zweite Rettungsweg über Rettungsgeräte der Feuerwehr bis zur Hochhausgrenze sichergestellt und die entsprechenden Anforderungen des deutschen Baurechtes erfüllt werden können.

Abbildung 16: Drehleiter DLAK 23/12 (Quelle: Uwe Bunzel, Frankfurt am Main)

3.1.4 Sonstige Drehleitern

Bei **Drehleitern mit Gelenkarm** handelt es sich um Drehleitern mit mehrteiligem Leitersatz, in dessen oberen Leiterteil ein Gelenk eingebaut ist. Das Leiterteil mit dem Rettungskorb lässt sich bis zu 75 Grad nach unten abwinkeln. Somit können auch zurückgesetzte Mansardenwohnungen, Dachgeschosse oder -flächen, Dachgauben, Dachfenster, Bereiche hinter Brüstungen oder Bereiche in verwinkelten Industrieanlagen erreicht werden.

Abbildung 17: Drehleiter mit Gelenkarm (Quelle: Marc Köppelmann, Paderborn)

Um die Einsetzbarkeit von Drehleitern in innerstädtischen Bereichen zu verbessern, werden Drehleitern eingesetzt, die die nach Norm maximal zulässige Fahrzeughöhe von 3,30 Meter deutlich unterschreiten. Diese **Drehleitern in Niedrigbauart** können insbesondere in Altstadtbereichen oder beim Befahren von Innenhöfen mit geringen Zufahrtshöhen eingesetzt werden. Die geringe Fahrzeughöhe wird durch spezielle Fahrerkabinen erreicht, die vor die Vorderachse verlegt und tiefer gesetzt sind.

Abbildung 18: Drehleiter in Niedrigbauart, mit lenkbarer Hinterachse (Quelle: Marc Köppelmann, Paderborn)

Aufgrund der Längen der einzelnen Leiterteile sind für Drehleiter DLAK 23/12 Fahrgestelle mit entsprechend langem Radstand erforderlich. Dies hat dann aber einen großen Wendekreis zur Folge. Um die Wendigkeit dieser Drehleitern auch in engen Innenstadtbereichen sicherzustellen, werden teilweise Fahrgestelle mit kurzem Radstand und gelenkter **Nachlaufachse** oder Fahrgestelle mit **lenkbaren Hinterachsen** verwendet.

3.2 Hubarbeitsbühnen

Hubarbeitsbühnen (HAB) gemäß DIN EN 1777 sind Fahrzeuge mit hydraulischen Hubeinrichtungen, die auf dem Fahrgestell montiert sind. Die oberen Teile der Hubeinrichtungen nehmen einen Arbeitskorb auf.

■ Teleskopgelenkmasten

Teleskopgelenkmasten TGM gemäß DIN 14701 sind bestimmte Bauformen der Hubarbeitsbühnen, die zur Rettung von Menschen und Tieren aus gefährdeten Bereichen in Höhen oder Tiefen, zur Brandbekämpfung sowie zur Durchführung technischer Hilfeleistungen verwendet werden. Die Abstützsysteme, die Steuerstände, die Anzeige- und Überwachungseinrichtungen und die sonstigen Sicherheitseinrichtungen der Teleskopgelenkmasten entsprechen weitgehend den Ausführungen der Drehleitern.

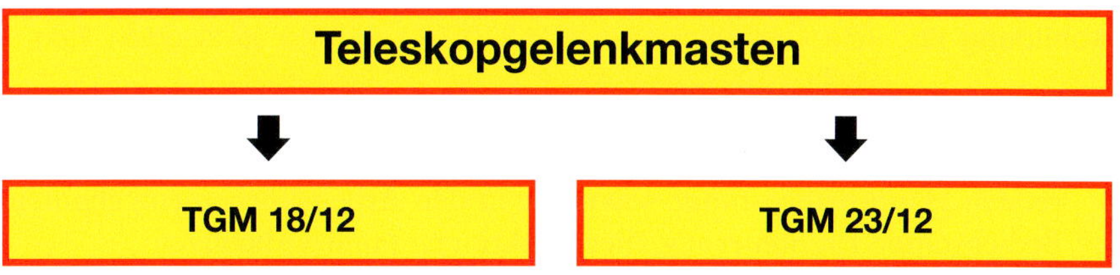

Wesentliche Merkmale dieser Teleskopgelenkmasten sind:

- Die Fahrgestelle mit einer zulässigen Gesamtmasse von maximal 16.000 Kilogramm (TGM 18/12) oder größer 16.000 Kilogramm (TGM 23/12), mit Straßenantrieb
- Die Fahrerräume für die Aufnahme eines Trupps (1/1) als Besatzung
- Die am Drehgestell angebrachten ein- oder mehrteiligen Hauptteleskope
- Die gelenkig am Kopf der Hauptteleskope angebrachten ein- oder mehrteiligen Korbarme, an denen die Arbeitskörbe beweglich angebracht sind
- Die Nenn-Rettungshöhe von 18 Meter beziehungsweise 23 Meter, bei einer waagerechten Nenn-Ausladung von 12 Metern; die Rettungshöhe beträgt mindestens 23,5 Meter beziehungsweise mindestens 29,5 Meter

Abbildung 19: Teleskopgelenkmast TGM 23/12 (Quelle: Manuel Siegmon, Fröndenberg)

- Die an den Drehgestellen befestigten und mindestens mit diesen rotierenden Hauptbedienstände sowie die in den Arbeitskörben eingebauten Bedienstände zur Steuerung aller Funktionen (außer Abstützen)
- Die umwehrten Arbeitskörbe, die mit den Hubeinrichtungen in die gewünschte Arbeitsstellung bewegt werden
- Die an den Hauptteleskopen und Korbarmarmen seitlich fest angebrachten Rettungsleitern mit Schutzgeländern, die als durchgehende Rettungs- und Angriffswege nach oben und nach unten dienen
- Der am Arbeitskorb fest montierte oder aufsteckbare Werfer mit waagerecht und senkrecht drehbarem Strahlrohr, zur Abgabe von Wasser (Voll- und Sprühstrahl) oder Schaumlöschmitteln
- Die auf Wunsch der Besteller mitgeführten Krankentragenhalterungen, die bei Bedarf an den Arbeitskörben befestigt werden können
- Die vollständig vorhandenen Standardbeladungen.

3.3 Selbstkontrolle und Testfragen

(Lösungen siehe Seite 100)

1. Welche Ausführungen der Drehleitern sind genormt?

a) Drehleitern mit Handbetrieb DLH
b) Drehleitern mit aufeinanderfolgenden Bewegungen DLS
c) Drehleitern mit teleskopierenden Bewegungen DLTK
d) Drehleitern mit kombinierten Bewegungen DLAK

2. Welche Merkmale kennzeichnen Drehleiter DLAK?

a) Die gleichzeitig möglichen Bewegungen des Leitersatzes für Aufrichten/Senken, Ausfahren/Einfahren und Drehen rechts/links mit Begrenzung der Drehbewegung
b) Die gleichzeitig möglichen Bewegungen des Leitersatzes für Aufrichten/Senken, Ausfahren/Einfahren und Drehen rechts/links ohne Begrenzung der Drehbewegung
c) Die aufeinanderfolgenden automatischen Bewegungen für Aufrichten, Drehen und Ausfahren.

3. Welche Merkmale kennzeichnen eine Drehleiter DLAK 23/12?

a) Ein Fahrgestell mit einer zulässigen Gesamtmasse von 16.000 Kilogramm
b) Eine Rettungshöhe von 12 Meter bei einer Ausladung von 23 Meter
c) Eine Rettungshöhe von 23 Meter bei einer Ausladung von 12 Meter
d) Ein Fahrerraum für die Aufnahme einer Staffel (1/5)

4. Welche Merkmale kennzeichnen einen Teleskopgelenkmasten?

a) Ein Fahrgestell mit einer hydraulischen Hubeinrichtung
b) Ein Fahrgestell mit einer gehobenen Arbeitseinrichtung
c) Ein fest angebrachter Arbeitskorb am Korbarm
d) Ein fest angebrachter Fahrstuhl für mehrere Personen

4 Rüst- und Gerätefahrzeuge

Rüst- und Gerätefahrzeuge werden für die Durchführung von technischen Hilfeleistungen verwendet, zum Beispiel für das Retten von Personen und Tieren, die Beseitigung von Unfallfolgen oder das gewaltsame Öffnen. Rüstfahrzeuge werden für die Durchführung nahezu aller technischen Hilfeleistungen verwendet. Sie verfügen über die dafür notwendigen fest eingebauten technischen Einrichtungen, führen die dafür erforderlichen Ausrüstungen und Geräte mit und sollen die Ausrüstungen und Geräte zur technischen Hilfeleistung anderer Einsatzfahrzeuge ergänzen und die Einsatzbereiche abdecken, die von diesen Fahrzeugen nicht oder nur unzureichend bewältigt werden können. Gerätefahrzeuge werden dagegen nur für den Transport und die Bereitstellung von Ausrüstungen und Geräten verwendet.

4.1 Rüstwagen

Rüstwagen sind Feuerwehrfahrzeuge mit einer vom Fahrzeugmotor angetriebenen maschinellen Zugeinrichtung, einem vom Fahrzeugmotor angetriebenen Stromerzeuger, einem betriebsbereit ein- oder angebauten Lichtmast und einer feuerwehrtechnischen Beladung. Die Besatzung besteht aus einem Trupp (1/2), mindestens aber aus zwei Einsatzkräften (1/1).

■ Rüstwagen RW

Der Rüstwagen RW gemäß DIN 14555-3 wird aufgrund seiner Ausstattung und seiner technischen Einrichtungen zur Durchführung von technischen Hilfeleistungen – auch größeren Umfangs – verwendet. Dieser Rüstwagen kommt in den meisten Einsatzfällen zusammen mit einem Löschgruppenfahrzeug zum Einsatz und kann deshalb auch stützpunktartig stationiert werden und einige Zeit nach einem Löschgruppenfahrzeug an der Einsatzstelle eintreffen. Der Einsatz wird dann mit der Besatzung und der Hilfeleistungsausrüstung des Löschgruppenfahrzeuges begonnen.

Abbildung 20: Rüstwagen RW (Quelle: Schlingmann GmbH & Co. KG, Dissen)

Wesentliche Merkmale eines Rüstwagens RW sind:

- Das Fahrgestell mit einer Kabine für die Besatzung und abgesetztem Kofferaufbau, mit einer zulässigen Gesamtmasse von maximal 14.000 Kilogramm (oder maximal 16.000 Kilogramm), mit Allradantrieb (geländefähig), mit Differenzialsperren längs und quer und einer empfohlenen automatischen Getriebeschaltung
- Die auf alle vier Räder wirkende Feststellbremse für den Betrieb mit der maschinellen Zugeinrichtung

- Der Fahrerraum für die Aufnahme eines Trupps (1/2) oder von zwei Einsatzkräften (1/1) als Besatzung
- Die vom Fahrzeugmotor angetriebene maschinelle Zugeinrichtung mit einer Nennzugkraft von 50 Kilonewton im einsträngigen Bodenzug bis zu einer maximalen Schräglage von 45 Grad; die Zugrichtung verläuft nach vorn, auf Wunsch des Bestellers auch nach hinten. Die nutzbare Länge des Zugseils beträgt mindestens 45 Meter.
- Das vordere Koppelmaul, die hintere Anhängezugeinrichtung und die Fahrzeugschäkel vorn und hinten, die für die Nennzugkraft der maschinellen Zugeinrichtung ausgelegt sind
- Der fest eingebaute und vom Fahrzeugmotor angetriebene Stromerzeuger, der eine Netzspannung von 230 Volt und 400 Volt erzeugt, mit einer Leistung von mindestens 22 Kilovoltampere
- Der Anschluss von elektrischen Verbrauchern und die Steuerung und Bedienung des Stromerzeugers erfolgt über einen Schaltschrank, der an die Leistung des Stromerzeugers angepasst ist; der Schaltschrank enthält alle notwendigen Schutzeinrichtungen und die für die Bedienung notwendigen Kontroll- und Anzeigeelemente.
- Der ein- oder angebaute und motorisch, hydraulisch oder pneumatisch ausfahrbare Lichtmast mit zwei Flutlichtstrahlern mit einer Lichtleistung von jeweils 1.500 Watt; die Flutlichtstrahler sind ständig elektrisch und schaltbar am Stromerzeuger angeschlossen, vom Boden aus motorisch nach oben und unten neigbar und nach dem Ausfahren des Lichtmastes über die Dachbeladung nach jeder Seite mindestens 180 Grad drehbar. Die Lichtpunkthöhe bei waagerechter Stellung des Fahrzeuges liegt 5.500 bis 6.000 Millimeter über der Fahrzeugstandfläche.
- Die auf Wunsch des Bestellers am Fahrzeugheck angebrachte Ladebordwand zur Entnahme mitgeführter Rollcontainer
- Die vollständig vorhandene Standardbeladung, die Zusatzbeladung „Gerätesatz Öl“ und eine Zusatzbeladung auf Wunsch des Bestellers, entsprechend den einsatztaktischen Erfordernissen und abhängig von den verbleibenden Raum- und Massenreserven; die Zusatzbeladung „Gerätesatz Öl“ kann entfallen, wenn sichergestellt ist, dass diese Ausrüstungen und Geräte auf anderem Wege zur Einsatzstelle gelangen.

4.2 Gerätewagen

Gerätewagen sind Feuerwehrfahrzeuge, die zum Transport und Bereitstellen der zur Ausführung technischer Hilfeleistungen erforderlichen Ausrüstungen und Geräte verwendet werden, die auf sonstigen Einsatzfahrzeugen der Feuerwehr nicht oder nicht in dem erforderlichen Umfang mitgeführt werden können. Die transportierten Geräte unterscheiden sich je nach Aufgabe des jeweiligen Fahrzeugtyps. Die an das Kurzzeichen GW angehängten Buchstaben weisen auf den besonderen Verwendungszweck der Gerätewagen hin. Gerätewagen haben in der Regel keine festeingebauten technischen Einrichtungen, wie zum Beispiel Rüstwagen. Die Besatzung besteht aus einem Trupp (1/2), mindestens aber aus zwei Einsatzkräften (1/1). Nur bestimmte Gerätewagen waren und sind genormt. Die Normen für die meisten Ausführungen wurden zwischenzeitlich zurückgezogen.

Hinweis: Spezielle Normblätter gibt es nur noch für die Gerätewagen Gefahrgut GW-G und die Gerätewagen Logistik GW-L, die gemäß DIN EN 1846-1 jedoch einer anderen Kraftfahrzeug-Gruppe zugeordnet werden (siehe Kapitel 6 und 9 dieser Broschüre).

Außer den genormten Typen der Gerätewagen wird in der Praxis noch eine Vielzahl weiterer Ausführungen von Gerätewagen bei den Feuerwehren vorgehalten, die entsprechend dem jeweiligen Einsatzzweck und den vorliegenden örtlichen Anforderungen der betreffenden Feuerwehr gestaltet sind. Weitere Typen von Gerätewagen basieren auf eigenen landesrechtlichen Baurichtlinien einzelner Bundesländer.

Hinweis: Bei größeren Feuerwehren werden die bisher vorgehaltenen Gerätewagen oftmals durch Wechselladerfahrzeuge mit entsprechenden Abrollbehältern ersetzt.

Die nicht genormten Gerätewagen werden in der nachfolgenden Tabelle beispielhaft und in Kurzform beschrieben.

Tabelle 1: Sonstige Gerätewagen

Kurzzeichen	Einsatzzweck	Aufgabe
GW	Hilfeleistung	Transport von Bergungs- und Beleuchtungsgeräten
GW-A	Atemschutz	Transport von Atemschutzgeräten, speziellen Schutzkleidungen und Zubehör
GW Dekon P	Dekontamination Personal	Transport von Ausrüstungen und Geräten zur Dekontamination von Personen
GW-H	Höhenrettung	Transport von Einsatzkräften und Geräten zur Rettung aus Höhen und Tiefen
GW-Licht	Licht/Strom	Ausleuchten von Einsatzstellen und Stromversorgung an Einsatzstellen
GW-Mess	Messtechnik	Messen der Umgebungsluft bei Brandeinsätzen oder dem Austritt umweltgefährdender Stoffe
GW-N	Nachschub	Transport von besonderen Geräten, Einsatz- und Hilfsmitteln
GW-Öl	Ölbeseitigung	Transport von Geräten für die Beseitigung wassergefährdender Stoffe
GW-S	Strahlenschutz	Transport von Strahlenschutz- und Messgeräten
GW-T	Transport	Transport von besonderen Geräten, Einsatz- und Hilfsmitteln
GW-T	Tauchen	Transport von Tauchern und ihren Geräten, Einsatz- und Hilfsmitteln
GW-Tier	Tierrettung	Transport von besonderen Geräten und Hilfsmitteln zum Fangen und Transportieren von lebenden Tieren
GW-TS	Brandbekämpfung	Transport einer Tragkraftspritze und einer feuerwehrtechnischen Beladung
GW-W	Wasserrettung	Transport von Geräten zur Rettung von Menschen bei Unfällen auf/an Gewässern oder auf/an vereisten Wasserflächen

4.3 Selbstkontrolle und Testfragen

(Lösungen siehe Seite 100)

1. Welche Merkmale kennzeichnen einen Rüstwagen RW?

a) Eine vom Fahrzeugmotor angetriebene maschinelle Zugeinrichtung
b) Eine mitgeführte Rüstvorrichtung
c) Ein vom Fahrzeugmotor angetriebener Stromerzeuger
d) Ein Lichtmast mit zwei neig- und drehbaren Flutlichtstrahlern
e) Ein Fahrgestell mit Straßen- oder Allradantrieb

2. Wofür kann ein Rüstwagen RW eingesetzt werden?

a) Für größere technische Hilfeleistungen einfachen Umfangs
b) Für technische Hilfeleistungen, auch größeren Umfangs
c) Für den Transport und das Bereitstellen von Rüstungen
d) Für technische Hilfeleistungen unter Wasser

3. Welche Anforderungen gelten für einen Rüstwagen RW?

a) Er soll zusammen mit einem Löschgruppenfahrzeug eingesetzt werden.
b) Er soll die Ausrüstung und Geräte zur technischen Hilfeleistung anderer Einsatzfahrzeuge ergänzen.
c) Er muss einige Zeit vor dem Löschgruppenfahrzeug an der Einsatzstelle eintreffen.
d) Er kann auch einige Zeit nach dem Löschgruppenfahrzeug an der Einsatzstelle eintreffen.

4. Wofür können Gerätewagen eingesetzt werden?

a) Für größere technische Hilfeleistungen einfachen Umfangs
b) Für den Transport und das Bereitstellen von Geräten
c) Für den Mannschaftstransport
d) Für die Brandbekämpfung

5 Krankenfahrzeuge der Feuerwehr

Gemäß DIN EN 1846-1 werden Krankenfahrzeuge der Feuerwehr von Feuerwehrpersonal betrieben und für die Versorgung und den Transport von Patienten eingesetzt. Sie dürfen auch mit anderen Einrichtungen für den Gebrauch durch die Feuerwehr ausgerüstet sein. Aufgrund der Struktur des Rettungsdienstes in Deutschland sind die Fahrzeuge für alle im Rettungsdienst tätigen Einrichtungen und Organisationen gleichermaßen genormt, so dass es keine speziellen Krankenfahrzeuge nur für die Feuerwehr gibt.

In der DIN EN 1789 „Rettungsdienstfahrzeuge und deren Ausrüstung – Krankenkraftwagen“ sind Anforderungen, Prüfung und Ausrüstung für den Transport und die Sicherheit von Patienten in Krankenkraftwagen festgelegt. Sie enthält weiterhin Anforderungen an den Krankenraum. Krankenkraftwagen werden gemäß dieser Norm in drei Typen unterteilt:

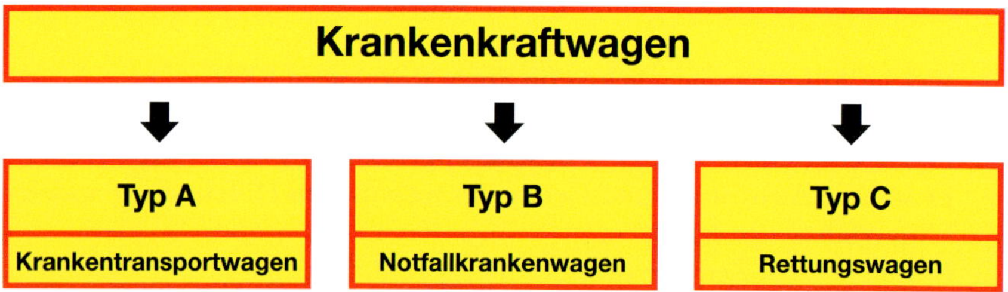

5.1 Krankentransportwagen

Krankentransportwagen werden zum Transport von Patienten, die vorhersehbar nicht Notfallpatienten sind, verwendet. Sie können für den Transport eines einzelnen Patienten (Typ A_1) oder mehrerer Patienten (Typ A_2) geeignet sein. Neben den für den Transport der Patienten notwendigen technischen Ausstattungen wird noch eine professionelle Grundausrüstung für Erste Hilfe und Pflegemaßnahmen mit Ausrüstungen für die Bereiche Beatmung, Kreislauf, Verband- und Pflegemittel mitgeführt.

Abbildung 21: Krankentransportwagen KTW (Quelle: Hans Kemper, Geseke)

Für die Verwendung als Krankentransportwagen werden spezielle Personenkraftwagen (längerer Radstand, höherer Innenraum) oder handelsübliche Kastenwagen mit spezieller Ausstattung verwendet.

5.2 Notfallkrankenwagen

Notfallkrankenwagen (Typ B) werden zum Transport, zur Erstversorgung und zur Überwachung von Patienten verwendet. Sie haben im Vergleich zu Krankentransportwagen (Typ A) eine umfangreichere technische Ausstattung und einen Krankenraum mit größeren Abmessungen. Neben den für die Erstversorgung und die Überwachung der Patienten nach den derzeitigen Verfahren im Rettungsdienst notwendigen technischen Ausstattungen werden auch umfangreiche Ausrüstungen für die Bereiche Beatmung, Diagnostik, Kreislauf, Verband- und Pflegemittel mitgeführt.

5.3 Rettungswagen

Rettungswagen (Typ C) werden zum Transport, zur erweiterten Behandlung und zur Überwachung von (Notfall-)Patienten verwendet. Sie haben eine umfangreichere technische Ausstattung und einen Krankenraum, der so ausgelegt ist, dass ein Behandlungsbereich mit einer von drei Seiten zugänglichen, verstellbaren Krankentragenhalterung entsteht.

Abbildung 22: Rettungswagen RTW (Quelle: Hans Kemper, Geseke)

Neben den für die erweiterte Behandlung und Überwachung der Patienten nach den derzeitigen Verfahren der präklinischen Notfallmedizin notwendigen technischen Ausstattungen werden umfangreiche Ausrüstungen für die Bereiche Beatmung, Diagnostik, Kreislauf, Behandlung lebensbedrohlicher Störungen, Verband- und Pflegemittel mitgeführt. Für Rettungswagen werden seriengemäße Kastenwagen oder Fahrgestelle mit abgesetztem Aufbau verwendet. Das Fahrzeug wird in den Fahrerraum und den Krankenraum für die Behandlung und den Transport des Notfallpatienten unterteilt.

5.4 Notarzt-Einsatzfahrzeug

Das Notarzt-Einsatzfahrzeug gemäß DIN 75079 ist ein Fahrzeug für den Rettungsdienst, das zum Transport des Notarztes zum Einsatzort verwendet wird. Bei Anwendung eines Rendezvous-Systems fahren ein Notarzt-Einsatzfahrzeug und ein Rettungswagen RTW getrennt und unabhängig voneinander zum Einsatzort und werden dort gemeinsam eingesetzt.

Für die Wiederherstellung und Aufrechterhaltung der lebenswichtigen Funktionen der Notfallpatienten wird eine entsprechende medizinische und technische Ausrüstung mitgeführt. Die Besatzung des Notarzt-Einsatzfahrzeuges besteht in der Regel aus einem Rettungssanitäter oder -assistenten und dem Notarzt. Für die Verwendung als Notarzt-Einsatzfahrzeug sind handelsübliche Personenkraftwagen vorgesehen, die neben der erforderlichen Ausstattung mit einer Sondersignalanlage über weitere spezielle Fahrzeugausrüstungen verfügen. Wenn besondere örtliche Gegebenheiten es erfordern, sollte ein Allradantrieb vorhanden sein.

Abbildung 23: Notarzt-Einsatzfahrzeug NEF (Quelle: Uwe Bunzel, Frankfurt am Main)

5.5 Selbstkontrolle und Testfragen

(Lösungen siehe Seite 100)

1. Welche Arten von Rettungsfahrzeugen sind gemäß DIN EN 1789 genormt?

a) Krankentransportwagen Typ A
b) Krankenwagen Typ KW
c) Rettungswagen Typ C
d) Notarzteinsatzfahrzeug NEF
e) Arztwagen Typ D

2. Welche Aussage über das Rendezvous-System des Rettungsdienstes ist richtig?

a) Die Feuerwehr und der Rettungsdienst fahren getrennt und unabhängig voneinander zur Einsatzstelle.
b) Die Feuerwehr wird an der Einsatzstelle durch den Rettungsdienst oder andere Hilfsorganisationen unterstützt.
c) Das Notarzt-Einsatzfahrzeug und der Rettungswagen fahren getrennt und unabhängig voneinander zur Einsatzstelle.
d) Ein Rettungssanitäter und eine Notärztin treffen sich außerhalb der regulären Arbeitszeit.

3. Welche Merkmale kennzeichnen einen genormten Rettungswagen?

a) Eine umfangreiche medizinische Ausstattung
b) Eine feuerwehrtechnische Beladung für den Ersteinsatz
c) Ein mitgeführtes hydraulisches Rettungsgerät
d) Eine von drei Seiten zugängliche Krankentragenhalterung
e) Eine fest eingebaute Kleinlöschanlage
f) Ein fest eingebauter Hubrettungssatz

6 Gerätefahrzeuge Gefahrgut

Gerätefahrzeuge Gefahrgut sind Feuerwehrfahrzeuge mit einer speziellen Ausrüstung und besonderen persönlichen Schutzausrüstungen zur Rettung unter erschwerten Bedingungen und zur Begrenzung von Schäden für die Umwelt bei Einsätzen mit Gefahren durch chemische, biologische oder radioaktive Stoffe. Diese Fahrzeuge werden für den Schutz von Personen, Einsatzkräften und der Umwelt, den Nachweis von gefährlichen Stoffen, das Auffangen, Umpumpen und Zwischenlagern von Stoffen und/oder das Eindämmen und Abdichten von Leckagen verwendet.

6.1 Gerätewagen Gefahrgut GW-G

Der Gerätewagen Gefahrgut GW-G gemäß DIN 14555-12 wird zur Durchführung von Einsätzen bei Schadensfällen mit gefährlichen Stoffen verwendet. Für eine wirksame Einsatzabwicklung ist es erforderlich, diesen Gerätewagen zusammen mit einem Löschgruppenfahrzeug und gegebenenfalls auch einem Rüstwagen einzusetzen. Die Fahrzeugbesatzung des Gerätewagens GW-G hat die Aufgabe, die Sonderausrüstungen bereitzustellen und auszugeben. Die Einsatzkräfte für die Durchführung des Gefahrguteinsatzes müssen von der Gruppe des Löschgruppenfahrzeuges gestellt werden, das auch zur notwendigen Sicherstellung des Brandschutzes dient.

Wesentliche Merkmale eines Gerätewagens GW-G sind:

- Das Fahrgestell mit einer Kabine für die Besatzung und abgesetztem Kofferaufbau, mit einer zulässigen Gesamtmasse von maximal 14.000 Kilogramm (oder maximal 16.000 Kilogramm), mit Straßenantrieb
- Der Fahrerraum für die Aufnahme eines Trupps (1/2) oder zwei Einsatzkräften (1/1) als Besatzung
- Die vollständig vorhandene Standardbeladung und eine Zusatzbeladung in Abhängigkeit von den verbleibenden Raum- und Massenreserven
- Die Unterbringung der Beladung in weitgehend säure-, laugen- und ölbeständigen Transportbehältern

- Der abgetrennte Raum innerhalb des Aufbaus für die Unterbringung empfindlicher und mit dem Körper der Einsatzkräfte in Berührung kommender Ausrüstung, wie zum Beispiel Schutzanzüge, Atemschutzgeräte, Mess- und Nachweisgeräte, Handsprechfunkgeräte und Ähnlichem.

Abbildung 24: Gerätewagen Gefahrgut GW-G (Quelle: U. Bunzel, Frankfurt am Main)

■ Ausrüstungsmodul Gefahrgut

Für die Durchführung von Sofortmaßnahmen kleineren Umfangs bei Schadenfällen mit gefährlichen Stoffen und Gütern und auch Mineralöl-Unfällen können die Feuerwehren auch auf den gemäß DIN 14800-19 genormten „Gerätesatz Gefahrgut" zurückgreifen, der bei Bedarf auf den Gerätewagen Logistik GW-L1 oder GW-L2 mitgeführt werden kann. Dieses Ausrüstungsmodul mit festgelegten Ausrüstungen und Geräten kann im Einsatzfall auf der Ladefläche dieser Gerätewagen verlastet, zur Einsatzstelle transportiert und dort von den Einsatzkräften eingesetzt werden.

6.2 Selbstkontrolle und Testfragen

(Lösungen siehe Seite 100)

1. Welchem Einsatzzweck dienen die Gerätefahrzeuge Gefahrgut?

a) Schutz vor Gefahren für Personen, Einsatzkräfte und Umwelt
b) Transport gefährlicher Stoffe und Güter
c) Nachweis von gefährlichen Stoffen
d) Auffangen, Umpumpen und Zwischenlagern von Stoffen

2. Durch welche Fahrzeuge soll der Gerätewagen Gefahrgut GW-G im Einsatz unterstützt werden?

a) Durch ein Löschgruppenfahrzeug
b) Durch ein Tragkraftspritzenfahrzeug
c) Durch ein Wechselladerfahrzeug
d) Durch eine Drehleiter

3. Welche Merkmale kennzeichnen den Gerätewagen Gefahrgut GW-G?

a) Die Verwendung von Straßenfahrgestellen
b) Die Verwendung von Allradfahrgestellen
c) Der eingebaute Stromerzeuger
d) Die Gruppenbesatzung (1/8)
e) Die Truppbesatzung (1/2) oder zwei Einsatzkräfte (1/1)

7 Einsatzleitfahrzeuge

Einsatzleitfahrzeuge werden mit ihren Kommunikationsmitteln und sonstigen Ausrüstungen für die Führung von taktischen Einheiten verwendet. Sie werden entsprechend ihrem vorgesehenen Verwendungszweck, ihren informations- und kommunikationstechnischen Ausrüstungen, ihren Maßen und ihrem Gewicht in verschiedene Ausführungen unterteilt.

7.1 Kommandowagen KdoW

Kommandowagen KdoW gemäß DIN SPEC 14507-5 werden aufgrund ihrer technischen Einrichtungen und Beladungen von Einsatzleitungen zur Anfahrt und zur Erkundung von Einsatzstellen verwendet.

Wesentliche Merkmale eines Kommandowagens KdoW sind:

- Der Personenkraftwagen, zum Beispiel Limousine, Kombi, Geländewagen oder Kleintransporter, mit einer zulässigen Gesamtmasse von mindestens 1.700 Kilogramm und maximal 3.500 Kilogramm
- Der Straßenantrieb; ein Allradantrieb wird empfohlen
- Der geschlossene, serienmäßige Aufbau mit mindestens drei Einstiegstüren, für die Aufnahme eines Trupps (1/2) als Besatzung
- Der empfohlene Unfalldatenspeicher zur Dokumentation eines Unfallhergangs oder einer kritischen Fahrsituation
- Die Standardbeladung, die vollständig vorhanden sein muss.

Abbildung 25: Kommandowagen KdoW (Quelle: U. Bunzel, Frankfurt am Main)

Für die Kommunikation stehen insgesamt zur Verfügung:

- Ein eingebautes analoges Mobilfunkgerät im 4-Meter-Wellenbereich, mit Sprech- und Bedieneinrichtung im Fahrer-/Beifahrerbereich
- Ein analoges Handfunkgerät im 2-Meter-Wellenbereich, in Vielkanal-Ausführung, in einem Schnellladegerät mitgeführt
- Ein eingebautes digitales TETRA-Mobilfunkgerät MRT, mit Sprech- und Bedieneinrichtung im Fahrer-/Beifahrerbereich
- Ein tragbares digitales TETRA-Handfunkgerät HRT, in einem Schnellladegerät mitgeführt
- Ein Mobiltelefon zur Sprachkommunikation in öffentliche Mobilfunknetze
- Eine Außenlautsprecheranlage mit Handmikrofon und Lautstärkenregler, auch kombiniert mit der akustischen Warneinrichtung
- Eine UKW-Radio-Anlage mit Radio-Daten-System RDS.

7.2 Einsatzleitwagen ELW 1

Einsatzleitwagen ELW 1 gemäß DIN SPEC 14507-2 werden aufgrund ihrer technischen Einrichtungen und Beladungen von Einsatzleitungen zur Anfahrt und zur Erkundung von Einsatzstellen, als Hilfsmittel zur Führung von taktischen Einheiten sowie als Hilfsmittel zur Führung von Verbänden mit Führungsassistenten, jedoch ohne stabsmäßige Führung, verwendet.

Wesentliche Merkmale eines Einsatzleitwagens ELW 1 sind:

- Das Kraftfahrzeug, zum Beispiel Kleintransporter oder Kastenwagen, mit einer zulässigen Gesamtmasse von maximal 4.750 Kilogramm; aus Gründen des Fahrerlaubnisrechts ist auch eine zulässige Gesamtmasse von maximal 3.500 Kilogramm möglich
- Der Straßenantrieb; ein Allradantrieb wird empfohlen
- Der geschlossene, serienmäßige Aufbau für die Aufnahme eines Trupps (1/2) als Besatzung, mit einer Innenhöhe von mindestens 1.300 Millimeter im begehbaren Teil des Fahrzeuges
- Die zwei beleuchteten Kommunikationsarbeitsplätze mit einer freien Arbeitsfläche von jeweils mindestens 500 × 400 Millimeter
- Die empfohlene vom Fahrzeugmotor unabhängige und wirksame Heizung im Fahrer- und Mannschaftsraum
- Die Ausstattung mit mindestens einer Fahrzeugbatterie und einer weiteren Batterie für alle Zusatzverbraucher (Kommunikationstechnik, Beleuchtung, akustische Warneinrichtung ...)
- Der empfohlene Unfalldatenspeicher zur Dokumentation eines Unfallhergangs oder einer kritischen Fahrsituation, mit Aufzeichnung der Verwendungszeit von Kennleuchten und akustischer Warneinrichtung
- Die empfohlene elektronische Dokumentation des Funkverkehrs im Bereich der Einsatzstelle
- Die auf Wunsch des Bestellers vorgesehene besondere Kennzeichnung, zum Beispiel in Form einer eindeutigen Beschriftung des Fahrzeuges oder einer roten Rundumkennleuchte zur Verwendung an der Einsatzstelle
- Die Standardbeladung, die vollständig vorhanden sein muss.

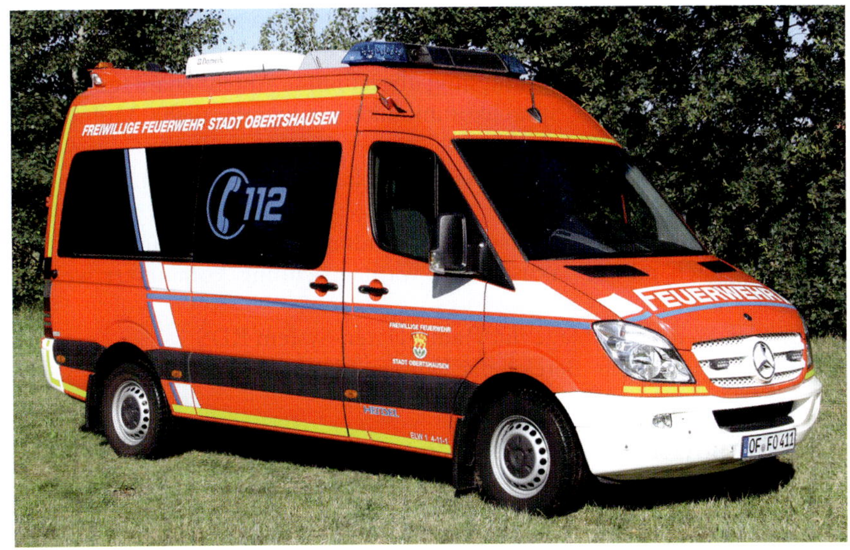

Abbildung 26: Einsatzleitwagen ELW 1 (Quelle: U. Bunzel, Frankfurt am Main)

Für die Kommunikation stehen insgesamt zur Verfügung:

- Zwei eingebaute analoge Mobilfunkgeräte im 4-Meter-Wellenbereich, mit Sprech- und Bedieneinrichtungen oder Zweitbesprechungseinrichtung im Fahrer-/Beifahrerbereich und an den Kommunikations-Arbeitsplätzen
- Ein eingebautes analoges Mobilfunkgerät im 2-Meter-Wellenbereich, mit Sprech- und Bedieneinrichtung an einem Kommunikations-Arbeitsplatz
- Zwei analoge Handfunkgeräte im 2-Meter-Wellenbereich, in Vielkanal-Ausführung, in Schnellladegeräten mitgeführt
- Drei eingebaute digitale TETRA-Mobilfunkgeräte MRT, mit Sprech- und Bedieneinrichtung im Fahrer-/Beifahrerbereich und an den Kommunikations-Arbeitsplätzen
- Zwei tragbare digitale TETRA-Handfunkgeräte HRT, in Schnellladegeräten mitgeführt

- Eine auf die besonderen Anforderungen durch den gleichzeitigen Betrieb von analogen und digitalen Funkgeräten, Mobiltelefon, UKW-Radio und gegebenenfalls auch GPS-Empfang abgestimmte Antennenanlage
- Ein Mobiltelefon zur Sprachkommunikation in öffentliche Mobilfunknetze
- Auf Wunsch des Bestellers ein Gerät zur Fax- und Datenkommunikation in öffentliche Mobilfunknetze
- Eine Außenlautsprecheranlage mit Handmikrofon und Lautstärkenregler, die auch mit der akustischen Warneinrichtung kombiniert werden kann
- Eine UKW-Radio-Anlage mit Radio-Daten-System RDS
- Eine digitale Uhr im Bereich der Kommunikations-Arbeitsplätze.

7.3 Einsatzleitwagen ELW 2

Einsatzleitwagen ELW 2 gemäß DIN SPEC 14507-3 werden aufgrund ihrer technischen Einrichtungen und Beladungen von Einsatzleitungen als Hilfsmittel zur Führung von taktischen Einheiten mit Führungsassistenten und stabsmäßiger Führung und als Führungsmittel einer Technischen Einsatzleitung im Katastrophenfall verwendet. Als Einsatzleitwagen ELW 2 werden vorzugsweise Fahrzeuge mit Kofferaufbau oder Abrollbehälter verwendet.

Wesentliche Merkmale eines Einsatzleitwagens ELW 2 sind:

- Das Fahrgestell mit einer Kabine für die Besatzung und abgesetztem Kofferaufbau, mit einer zulässigen Gesamtmasse von maximal 14.000 Kilogramm (oder maximal 16.000 Kilogramm), mit Straßenantrieb
- Der Fahrerraum zur Aufnahme eines Trupps (1/2) als Besatzung
- Die Unterteilung des Fahrzeuges in Raum A (Fahrer- und Beifahrerraum), Raum B (Kommunikationsraum) und Raum C (Führungsraum)
- Die Raumhöhe von mindestens 1.700 Millimeter in nicht begehbaren Teilen und mindestens 1.900 Millimeter in begehbaren Teilen des Aufbaus
- Der Raum B (Kommunikationsraum) mit drei Arbeitsplätzen und entsprechenden informations- und kommunikationstechnischen Ausrüstungen

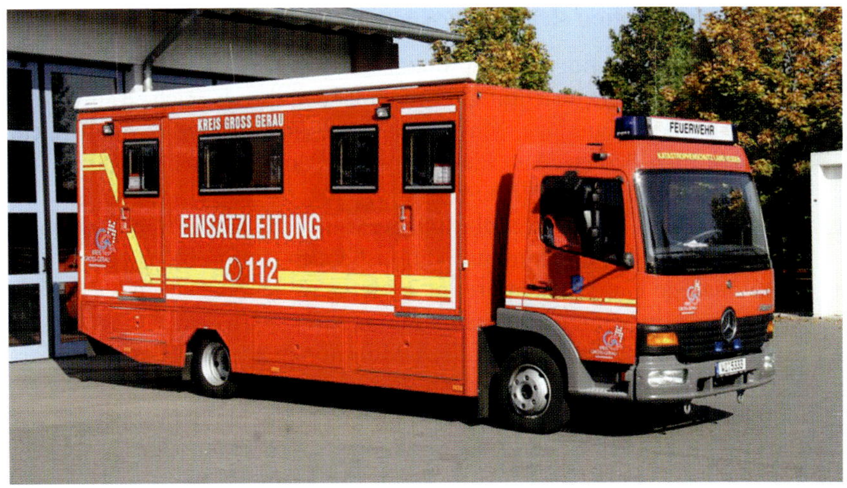

Abbildung 27: Einsatzleitwagen ELW 2 (Quelle: U. Bunzel, Frankfurt)

- Der Raum C (Führungsraum) mit mindestens sieben Arbeitsplätzen, mit beschriftbaren und als Projektionsflächen geeigneten Wandtafeln
- Die vom Fahrzeugmotor unabhängige Anlage zum wirksamen Heizen und Kühlen der Räume B und C
- Die auch mit der Heiz- und Kühlanlage kombinierbare Belüftungsanlage mit 10-fachem Luftwechsel pro Stunde in den Räumen B und C
- Der ausreichend große, gut zugängliche Stauraum für die sichere Unterbringung der Einsatzführungsmittel (Einsatzunterlagen, Projektoren ...)
- Das Abstützsystem zur Stabilisierung des Fahrzeughecks, zur Vermeidung von Erschütterungen beim Ein- und Aussteigen
- Der empfohlene Unfalldatenspeicher zur Dokumentation eines Unfallhergangs oder einer kritischen Fahrsituation, mit Aufzeichnung der Verwendungszeit von Kennleuchten und akustischer Warneinrichtung
- Die auf Wunsch des Bestellers vorgesehene besondere Kennzeichnung, zum Beispiel in Form einer eindeutigen Beschriftung oder einer roten Rundumkennleuchte zur Verwendung an der Einsatzstelle.

Für die Kommunikation stehen insgesamt zur Verfügung:

- Ein eingebautes analoges Mobilfunkgerät im 4-Meter-Wellenbereich, mit Sprech- und Bedieneinrichtung, im Fahrer-/Beifahrerbereich (Raum A)
- Zwei eingebaute analoge Mobilfunkgeräte im 4-Meter-Wellenbereich, mit Mehrfach-Bedien-/Abfrage-Einrichtung, an den Arbeitsplätzen im Kommunikationsbereich (Raum B)
- Ein eingebautes analoges Mobilfunkgerät im 2-Meter-Wellenbereich, an einem Arbeitsplatz im Kommunikationsbereich (Raum B)
- Zehn analoge Handfunkgeräte im 2-Meter-Wellenbereich, in Vielkanal-Ausführung, in Schnellladegeräten mitgeführt
- Ein eingebautes digitales TETRA-Mobilfunkgerät MRT (Betriebsart TMO) im Fahrer-/Beifahrerbereich (Raum A)
- Fünf eingebaute digitale TETRA-Mobilfunkgeräte MRT (3 × Betriebsart TMO, 2 × Betriebsart DMO), mit Mehrfachbedieneinrichtung, an den Arbeitsplätzen im Kommunikationsbereich (Raum B)
- Zehn tragbare digitale TETRA-Handfunkgeräte HRT, in Schnellladegeräten mitgeführt
- Eine elektronische Dokumentation des Funkverkehrs im Bereich der Einsatzstelle und aller nach außen geführten Telefongespräche
- Eine auf die besonderen Anforderungen durch den gleichzeitigen Betrieb von analogen und digitalen Funkgeräten, Mobiltelefon, UKW-Radio und gegebenenfalls auch GPS-Empfang abgestimmte Antennenanlage
- Eine Telefonanlage mit ISDN-Amtsanschlüssen, mit Mobilfunkmodulen zur Sprachkommunikation in öffentliche Mobilfunknetze
- Ein Multifunktionsgerät (Drucker, Faxgerät und Scanner)
- Eine Gegensprechanlage zwischen Raum B und C
- Eine Außenlautsprecheranlage mit Handmikrofon und Lautstärkenregler, die auch mit der akustischen Warneinrichtung kombiniert werden kann
- Eine UKW-Radio-Anlage mit Radio-Daten-System RDS, mit regelbaren Lautsprechern im Raum B und C
- Eine digitale Uhr im Bereich der Kommunikations-Arbeitsplätze (Raum B) und eine analoge Uhr im Führungsraum (Raum C).

7.4 Fernmeldetechnische Ausrüstungen

Die fernmeldetechnischen Ausrüstungen der Kommando- und Einsatzleitwagen sind grundsätzlich an den aktuellen Stand der Einführung der Digitalfunktechnik anzupassen. Für einen Übergangszeitraum von der analogen zur digitalen Funktechnik sind zunächst beide Systemtechniken vorzusehen. Soweit die analogen Funkgeräte nicht mehr benötigt werden, kann auf deren Einbau verzichtet werden. Die Regelungen für die Nutzung der digitalen Funktechnik für Behörden und Organisationen mit Sicherheitsaufgaben (BOS) – zu denen auch die Feuerwehren gehören – sind zu beachten.

7.5 Selbstkontrolle und Testfragen

(Lösungen siehe Seite 100)

1. Welchem Einsatzzweck dienen Einsatzleitfahrzeuge?

a) Dem Herstellen der elektrischen Leitfähigkeit an Einsatzstellen
b) Der Betreuung von Einsatzkräften
c) Dem Führen von taktischen Einheiten
d) Dem Leiten von Einsatzleitern

2. Welche Arten von Einsatzleitfahrzeugen sind genormt?

a) ELW 2
b) ELW 3
c) KdoW
d) ELF
e) ELK

3. Welche Merkmale kennzeichnen den Einsatzleitwagen ELW 1?

a) Eine Verwendung von Straßen- oder Allradfahrgestellen
b) Eine maximal zulässige Gesamtmasse von 7.500 Kilogramm
c) Zwei Kommunikationsarbeitsplätze im Mannschaftsraum
d) Zwei eingebaute analoge Mobilfunkgeräte im 4-Meter-Wellenbereich
e) Drei eingebaute digitale TETRA-Mobilfunkgeräte MRT

4. Welche Merkmale kennzeichnen den Einsatzleitwagen ELW 2?

a) Eine ausschließliche Verwendung von Straßenfahrgestellen
b) Eine maximal zulässige Gesamtmasse von 14.000 oder 16.000 Kilogramm
c) Ein Bereich für Fahrer und Beifahrer (Raum A), ein Kommunikationsraum (Raum B) und ein Führungsraum (Raum C).
d) Mindestens drei Kommunikations-Arbeitsplätze mit entsprechender Funkausrüstung im Kommunikationsraum
e) Eine eingebaute Kleinküche und eine Dusche (Raum D)

8 Mannschaftstransportfahrzeuge

Mannschaftstransportfahrzeuge sind Feuerwehrfahrzeuge für die Beförderung von Feuerwehreinsatzkräften und deren persönlicher Ausrüstungen. Ein spezielles Normblatt nur für Mannschaftstransportfahrzeuge gibt es nicht. Diese Fahrzeuge werden vielmehr in Anlehnung an die allgemeinen Anforderungen für Feuerwehrfahrzeuge und zum Teil nach länderspezifischer Baurichtlinien gefertigt und ausgerüstet. Dazu werden weitgehend handelsübliche Kleintransporter mit bis zu acht Sitzplätzen (plus Fahrer) verwendet. Feuerwehrtechnische Beladungen werden außer Funkgeräten, Feuerlöschern oder Sanitäts- und Absperrmaterial in der Regel nicht mitgeführt. Teilweise werden Mannschaftsfahrzeuge auch mit einem Klapptisch im Mannschaftsraum und einer Zweitbesprechungseinrichtung des eingebauten Funkgerätes ausgestattet und so als „Behelfs-Einsatzleitwagen“ verwendet.

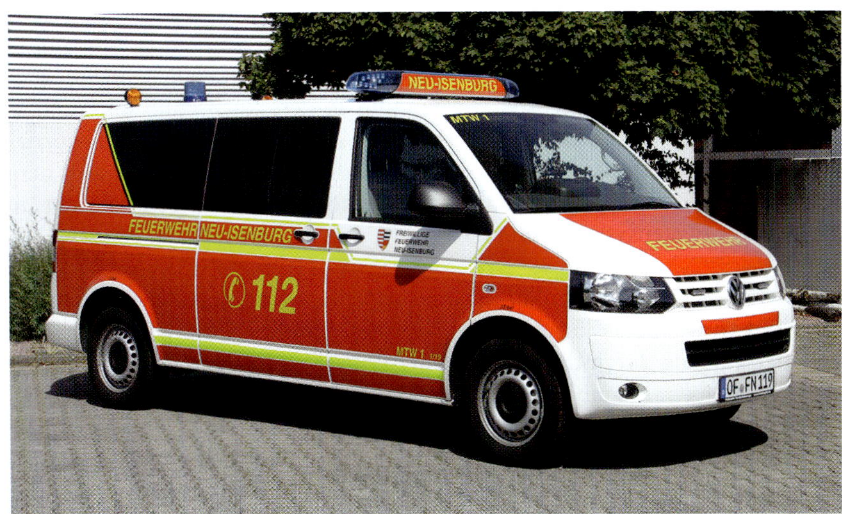

Abbildung 28: Mannschaftstransportfahrzeug MTF (Quelle: Uwe Bunzel, Frankfurt am Main)

9 Nachschubfahrzeuge

Nachschubfahrzeuge sind Feuerwehrfahrzeuge für die Beförderung von Ausrüstungen, Löschmitteln und sonstigen Geräten, die für die Versorgung von taktischen Einheiten an Einsatzstellen benötigt werden.

9.1 Wechselladerfahrzeuge

Das Wechselladerfahrzeug WLF gemäß DIN 14505 wird für den Transport von Abrollbehältern mit feuerwehrtechnischen Einsatz- und Hilfsmitteln verwendet. Je nach Einsatzzweck kann das Fahrzeug mit einem entsprechenden Abrollbehälter ausgerüstet werden und so den Nachschub mit Sonderausrüstungen zur Einsatzstelle sicherstellen. Zum Aufnehmen, Transportieren und Absetzen des jeweils benötigten Abrollbehälters ist auf dem Fahrgestell des Wechselladerfahrzeuges eine Wechselladereinrichtung in Form eines Hakensystems montiert.

Die Abrollbehälter werden an der Einsatzstelle in der Regel im abgesetzten Zustand verwendet. Zum Absetzen wird der Abrollbehälter auf dem Wechselladerfahrzeug durch die Wechsellader-Einrichtung in Richtung Fahrzeugheck geschoben, in eine Schräglage gebracht und abgelassen, bis die Rollen des Abrollbehälters den Boden berühren und der Abrollbehälter bis in eine horizontale Position „abrollen“ kann. Beim Aufnehmen wird der Abrollbehälter in Schräglage auf die Wechsellader-Einrichtung gezogen, abgekippt und auf dem Fahrzeug bis in die Transportstellung gezogen.

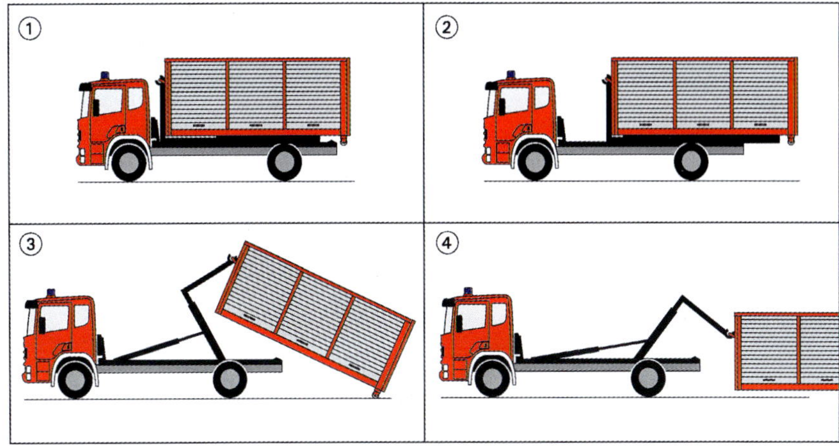

Abbildung 29: Funktionsweise des Hakensystems

Wesentliche Merkmale eines Wechselladerfahrzeuges WLF sind:

- Das Fahrgestell mit einer Kabine für die Besatzung, mit einer zulässigen Gesamtmasse von größer 16.000 Kilogramm, mit Straßenantrieb oder Allradantrieb
- Der Fahrerraum für die Aufnahme von zwei Einsatzkräften (1/1) als Besatzung; der Fahrerraum ist so bemessen, dass für den Einbau von Kommunikations- und Ladetechnik und für die persönliche Ausrüstung der Besatzung ausreichend Stauraum vorhanden ist
- Die Möglichkeit, genormte Abrollbehältern mit einer maximalen Außenlänge von 5.900 Millimeter beziehungsweise 6.900 Millimeter aufzunehmen und zu transportieren
- Die optische und akustische Warnanzeige, die signalisiert, ob sich der Abrollbehälter in verriegelter Aufnahmestellung befindet
- Die elektrische Steckverbindung hinter dem Fahrerhaus zur Versorgung des Abrollbehälters aus dem Bordnetz
- Der spritzwassergeschützte Stauraum am Fahrgestell mit einem Nutzinhalt von mindestens 0,5 Kubikmeter (für Ausrüstungsgegenstände).

Abbildung 30: Wechselladerfahrzeug WLF (Quelle: Manuel Siegmon, Fröndenberg)

■ Abrollbehälter

Die Abrollbehälter AB gemäß DIN 14505 sind wechselbare Aufbauten, die zur Aufnahme und zum Transport von feuerwehrtechnischen Einsatzmitteln oder Löschmitteln verwendet werden. Sie können als Pritsche, Mulde, Flüssigkeitsbehälter oder Kofferaufbau ausgeführt sein. Am Abrollbehälter müssen am hinteren Ende zwei Rollen angebracht sein, auf denen der Abrollbehälter auf dem Boden gezogen oder geschoben werden kann. Die Rollen sind so gestaltet, dass ein noch an der Wechsellader-Einrichtung hängender und an der anderen Seite bereits auf Rollen stehender Abrollbehälter bewegt werden kann. Türen, Rollladen, Klappen und bewegliche Einbauten des Abrollbehälters müssen sich noch betätigen lassen, wenn der Abrollbehälter auf unebenem Gelände verschränkt abgesetzt wird.

Beispiele für Abrollbehälter:

Abbildung 31:
Abrollbehälter AB-Atemschutz

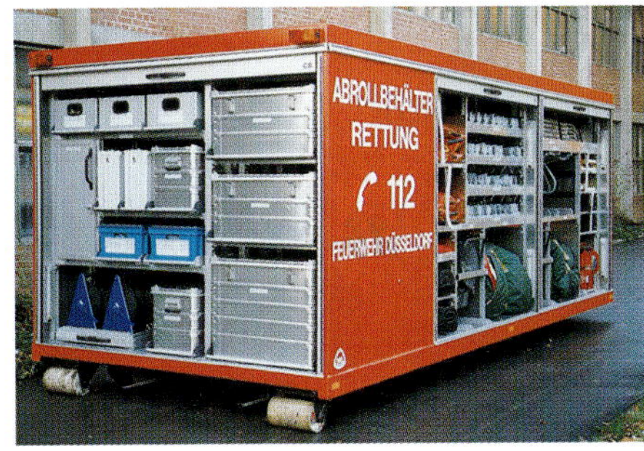

Abbildung 32:
Abrollbehälter AB-Rettungsmittel

Abbildung 33:
Abrollbehälter AB-Gefahrgut

9.2 Gerätewagen Logistik

Gerätewagen Logistik sind Feuerwehrfahrzeuge mit einer Ladefläche mit Ladebordwand, die für Beförderung von Ausrüstungen und Materialien verwendet werden. In Abhängigkeit von den jeweils aufgenommenen Beladungen können diese Gerätewagen auch für Hilfeleistungen bei Gefahrgutunfällen, zur Wasserversorgung oder für bestimmte technische Hilfeleistungen verwendet werden. Zu den Beladungen gehören zum Beispiel Schläuche, Schaummittel, Ölbindemittel, Rüsthölzer, Sandsäcke oder Sondergeräte. Die Gerätewagen Logistik nutzen die im Gewerbe oder bei Speditionen üblichen Gitterboxen, Euro-Industriepaletten oder Rollcontainer mit den genormten Grundmaßen 1.200 × 800 Millimeter, die mittels Gabelstapler, Deichselroller oder Palettenhubwagen verlastet werden.

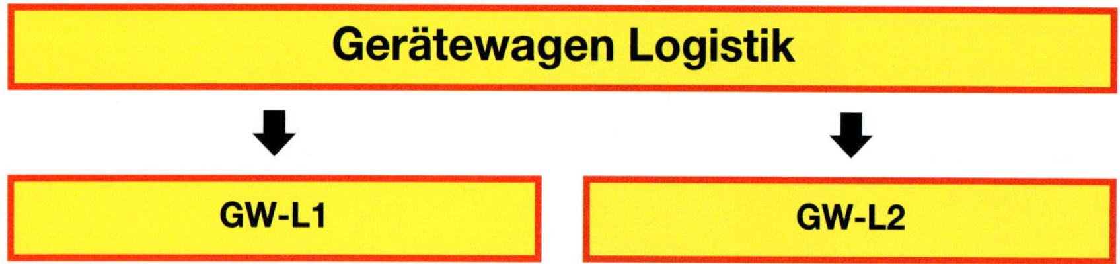

9.2.1 Gerätewagen Logistik GW-L1

Der Gerätewagen Logistik GW-L1 gemäß DIN 14555-21 wird aufgrund seiner speziellen Ausstattung und in Abhängigkeit von der jeweils mitgeführten Beladung für logistische Aufgaben kleineren Umfangs verwendet. Die Besatzung besteht aus zwei Einsatzkräften (1/1) oder einer Staffel (1/5).

Wesentliche Merkmale eines Gerätewagens Logistik GW-L1 sind:

- Das Fahrgestell mit einer zulässigen Gesamtmasse von 7.500 Kilogramm, vorrangig mit Straßenantrieb
- Die Nutzlast von mindestens 2.000 Kilogramm, zuzüglich der Besatzung und der ständig mitgeführten Beladungen

Abbildung 34: Gerätewagen Logistik GW-L1 (Quelle: Hensel Fahrzeugbau, Waldbrunn)

- Die serienmäßige Fahrerkabine für die Aufnahme von zwei Einsatzkräften (1/1) oder die drei- oder viertürige Doppelkabine für die Aufnahme einer Staffel (1/5) als Besatzung
- Die Ladefläche mit Pritsche und Plane oder Kofferaufbau, auf der mindestens vier Rollcontainer oder ähnliche Ladungsträger gelagert und transportiert werden können; für die Ladungssicherung sind entsprechende Einrichtungen und Befestigungsmöglichkeiten vorgesehen
- Die Ladebordwand mit einer Nutzlast von mindestens 750 Kilogramm
- Der „Gerätesatz Gefahrgut" gemäß DIN 14800-19, der auf Wunsch des Bestellers vollständig mitgeführt werden kann
- Die vollständig vorhandene Standardbeladung.

9.2.2 Gerätewagen Logistik GW-L2

Der Gerätewagen Logistik GW-L2 gemäß DIN 14555-22 wird aufgrund seiner speziellen Ausstattung und in Abhängigkeit von der jeweils mitgeführten Beladung für logistische Aufgaben größeren Umfangs sowie als Schlauchwagen für den Transport und das Verlegen von Druckschläuchen verwendet. Die Besatzung besteht aus einer Staffel (1/5).

Wesentliche Merkmale eines Gerätewagens Logistik GW-L2 sind:

- Das Fahrgestell mit einer zulässigen Gesamtmasse von 16.000 Kilogramm, mit Allradantrieb und Differenzialsperren, möglichst mit spurgleicher Singlebereifung; ein automatisches Getriebe wird empfohlen
- Die Nutzlast von mindestens 4.000 Kilogramm, zuzüglich der Besatzung und der ständig mitgeführten Beladungen
- Die seriengemäße viertürige Doppelkabine für die Aufnahme einer Staffel (1/5) als Besatzung
- Die Ladefläche mit Pritsche und Plane oder Kofferaufbau, auf der mindestens sechs Rollcontainer oder ähnliche Ladungsträger gelagert und transportiert werden können; für die Ladungssicherung sind entsprechende Einrichtungen und Befestigungsmöglichkeiten vorgesehen
- Die Ladebordwand mit einer Nutzlast von mindestens 1.500 Kilogramm; soll dieser Gerätewagen auch zum Schlauchverlegen verwendet werden, muss die Ladebordwand auf halber Höhe teilbar sein. Weiterhin ist eine Kameraüberwachung des rückwärtigen Fahrzeugbereichs bei eingeklappter geöffneter Ladebordwand vorzusehen.
- Die vollständig Zusatzbeladung „Wasserversorgung“, bestehend aus einer (oder zwei) Tragkraftspritze(n) PFPN 10-1000, insgesamt 2.000 Meter B-Druckschlauch, Schlauchbrücken und den erforderlichen Armaturen für die Wasserentnahme und -fortleitung, die auf Wunsch des Bestellers mitgeführt werden kann
- Der „Gerätesatz Gefahrgut“ gemäß DIN 14800-19, der auf Wunsch des Bestellers vollständig mitgeführt werden kann
- Die vollständig vorhandene Standardbeladung.

Abbildung 35: Gerätewagen Logistik GW-L2 (Quelle: Hensel Fahrzeugbau, Waldbrunn)

9.3 Gerätewagen Dekontamination Personal

Gerätewagen Dekontamination Personal GW Dekon P werden für den Einsatz bei ABC-Lagen oder Gefahrstoffunfällen verwendet. Die Beladung dient der Einrichtung eines Dekontaminationsplatzes, auf dem Einsatzkräfte und Betroffene, die mit gefährlichen Stoffen in Berührung gekommen sind, durch die Gerätewagenbesatzung dekontaminiert werden können. Diese Gerätewagen sind aber auch für andere Zwecke einsetzbar. Die mitgeführten Zelte bieten bei Katastrophenschutzeinsätzen zum Beispiel einen Witterungsschutz und können auch als Aufenthaltsräume genutzt werden.

Abbildung 36: Gerätewagen Dekontamination Personal GW Dekon P (Quelle: Uwe Bunzel, Frankfurt am Main)

Wesentliche Merkmale eines Gerätewagen Dekontamination Personal GW Dekon P sind:

- Das Fahrgestell mit einer zulässigen Gesamtmasse von 16.000 Kilogramm, mit Allradantrieb (geländefähig), mit spurgleicher Singlebereifung und Differenzialsperren an beiden Achsen
- Die Nutzlast von mindestens 6.600 Kilogramm, einschließlich Besatzung und Beladung
- Der Fahrer- und Mannschaftsraum für die Aufnahme einer Staffel (1/5) als Besatzung (Fahrerraum: 1+1, Mannschaftsraum: 4)
- Die Ladefläche mit Pritsche und Plane, auf der sieben Rollcontainer gelagert und transportiert werden; für die Ladungssicherung sind entsprechende Einrichtungen und Befestigungsmöglichkeiten vorgesehen
- Die Ladebordwand mit einer Nutzlast von 1.500 Kilogramm

- Die vollständige Beladung, die für den Aufbau und den Betrieb eines Dekontaminationsplatzes benötigt wird, zum Beispiel Wasserbehälter, Frischwasser- und Schmutzwasserpumpen, Elektro- und Beleuchtungsmaterial, Stromerzeuger, Wasserdurchlauferhitzer, Warmwasserheizgerät, Aufenthaltszelt und Duschzelt.

Das Bundesamt für Bevölkerungsschutz und Katastrophenhilfe (BBK) hat die genauen Anforderungen an die Gerätewagen Dekontamination Personal GW Dekon P festgelegt, beschafft diese Gerätewagen und stellt sie den Ländern für den Einsatz im Katastrophenschutz zur Verfügung.

9.4 Schlauchwagen

Schlauchwagen sind Feuerwehrfahrzeuge zum Transport von Druckschläuchen und zum Auslegen von zusammengekuppelten Druckschläuchen vom fahrenden Fahrzeug aus. Auf Schlauchwagen werden in der Regel eine Tragkraftspritze, 2.000 Meter B-Druckschlauch, Schlauchbrücken und die erforderlichen Armaturen für die Wasserentnahme und -fortleitung mitgeführt. Die DIN-Normen für Schlauchwagen wurden zurückgezogen. Ersatzweise können nunmehr entsprechend ausgerüstete Gerätewagen Logistik GW-L2, die mit einer Zusatzbeladung „Wasserversorgung“ ausgestattet sind, die Aufgaben der ehemals genormten Schlauchwagen übernehmen.

Für Aufgaben im Rahmen des Katastrophenschutzes wurden durch das Bundesamt für Bevölkerungsschutz und Katastrophenhilfe (BBK) genaue Anforderungen für spezielle Schlauchwagen SW-KatS festgelegt. Diese Schlauchwagen entsprechen im Aufbau im Wesentlichen den genormten Gerätewagen Logistik GW-L2. Sie sollen überwiegend zum Fördern von Wasser, auch über längere Wegstrecken, aber auch zum Durchführen von allgemeinen Logistikaufgaben in der Feuerwehr verwendet werden. Das Bundesamt beschafft diese Schlauchwagen und stellt sie den Ländern für den Einsatz im Katastrophenschutz zur Verfügung.

Abbildung 37: Schlauchwagen SW-KatS (Quelle: Uwe Bunzel, Frankfurt am Main)

Wesentliche Merkmale eines Schlauchwagens SW-Kats sind:

- Das Fahrgestell mit einer zulässigen Gesamtmasse von 14.000 Kilogramm, mit Allradantrieb (geländefähig), mit spurgleicher Singlebereifung und Differenzialsperren an beiden Achsen
- Die Nutzlast von mindestens 4.000 Kilogramm, einschließlich Besatzung und Beladung
- Das Fahrerraum für die Aufnahme eines Trupps (1/2) als Besatzung
- Der zwischen Fahrerhaus und Ladefläche aufgebaute Geräteraum für die Unterbringung der Tragkraftspritze PFPN 10-1500 und der festgelegten feuerwehrtechnischen Beladung
- Die Ladefläche mit Pritsche und Plane, auf der Schlauchkassetten, Rollcontainer, Gitterboxen oder Euro-Paletten gelagert und transportiert werden; für die Ladungssicherung sind entsprechende Einrichtungen und Spanngurte vorgesehen

- Die auf der Ladefläche mitgeführten zehn Schlauchkassetten für die Aufnahme von jeweils 10 B-Druckschläuchen; die Kassetten können für das Bestücken einfach entladen und wiederbeladen werden
- Die auf halber Höhe teilbare Ladebordwand mit einer Nutzlast von mindestens 1.500 Kilogramm
- Die Kameraüberwachung des rückwärtigen Fahrzeugbereichs bei eingeklappter geöffneter Ladebordwand
- Die vollständig vorhandene Beladung, die für den Aufbau und die Verlegung einer bis zu 2.000 Meter langen Schlauchleitung benötigt wird.

9.5 Selbstkontrolle und Testfragen

(Lösungen siehe Seite 100)

1. Welche Arten der Feuerwehrfahrzeuge gehören zu den Nachschubfahrzeugen?

a) Gerätewagen Logistik
b) Mannschaftsfahrzeuge
c) Wechselladerfahrzeuge
d) Löschmittelfahrzeuge

2. Welche Merkmale kennzeichnen ein Wechselladerfahrzeug WLF?

a) Eine zulässige Gesamtmasse von größer 16.000 Kilogramm
b) Ein Fahrer- und Mannschaftsraum für die Aufnahme einer Staffel
c) Eine fest auf dem Fahrgestell montierte Wechselladereinrichtung
d) Ein auf Wunsch des Bestellers angebrachter Wechsellader

3. Welche Merkmale kennzeichnen die Abrollbehälter AB?

a) Die zulässige Gesamtmasse von 28.000 Kilogramm
b) Die zwei am hinteren Ende unten angebrachten Rollen
c) Die Ausführung als Pritsche, Mulde, Tank oder Kofferaufbau
d) Die am Heck fest angebrachte Anhängekupplung

4. Welche Merkmale kennzeichnen einen Gerätewagen Logistik GW-L2?

a) Eine zulässige Gesamtmasse von 16.000 Kilogramm
b) Eine mögliche Nutzlast von mindestens 4.000 Kilogramm
c) Ein Fahrerraum für die Aufnahme eines Trupps
d) Ein Fahrer- und Mannschaftsraum für die Aufnahme einer Staffel
e) Ein bei Bedarf mitgeführtes Ausrüstungsmodul „Wasserversorgung“
f) Ein bei Bedarf mitgeführtes Ausrüstungsmodul „Höhenrettung“

10 Sonstige spezielle Fahrzeuge

Gemäß DIN EN 1846-1 werden sonstige spezielle Kraftfahrzeuge für Sonder- oder Spezialeinsätze, wie zum Beispiel Einsätze auf oder unter Wasser oder Einsätze im Zusammenhang mit Luft- oder Schienenfahrzeugen verwendet. Zu diesen Fahrzeugen gehören zum Beispiel Feuerwehrkrane, Lichtmastfahrzeuge, Feuerwehrboote oder Feuerwehranhänger.

10.1 Feuerwehrboote

Boote für die Feuerwehr gemäß DIN 14961 sind für den Einsatz besonders gestaltete Boote mit einer maximalen Rumpflänge von 8 Meter. Sie werden für Rettungseinsätzen, für technische Hilfeleistungen und – mit entsprechender Ausrüstung – auch für Löscheinsätze am und auf dem Wasser verwendet. Diese Boote bilden mit ihren bootstechnischen Ausrüstungen, den feuerwehrtechnischen Beladungen und den jeweils aus einem Trupp (1/2) bestehenden Besatzungen taktische Einheiten.

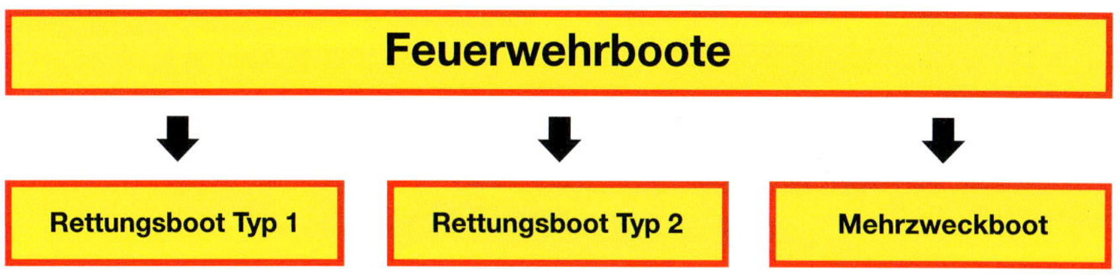

Rettungsboote **RTB 1** sind für stehende Gewässer vorgesehen und werden von Hand, als Ruderboot oder mit Motorantrieb betrieben. Sie sind für maximal vier Personen zugelassen. Rettungsboote **RTB 2** werden auf stehenden oder fließenden Gewässern eingesetzt und sind immer mit Motorantrieb ausgerüstet. Sie sind für maximal sechs Personen zugelassen. Mehrzweckboote **MZB** werden zum Retten und Transportieren von Personen sowie für technische Hilfeleistungen und je nach Ausrüstung auch für Löscheinsätze kleineren Umfangs verwendet. Sie sind für maximal zehn Personen zugelassen.

Abbildung 38: Rettungsboot RTB 2 (Quelle: Hans Kemper, Geseke)

Abbildung 39: Mehrzweckboot MZB (Quelle: Hans Kemper, Geseke)

Die Rettungs- und Mehrzweckboote sind als aufblasbare oder halbstarre Boote oder als Festkörperboote so konstruiert, dass sie auch im vollgeschlagenen Zustand schwimmfähig und kentersicher bleiben. Die Beladung besteht aus einer vollständig mitgeführten bootstechnischen Ausrüstung und einer feuerwehrtechnischen Beladung nach örtlichen Belangen und den vom Benutzer festzulegenden Anforderungen.

10.2 Feuerwehranhänger

Feuerwehranhänger sind für den Einsatz der Feuerwehr besonders gestaltete Anhängefahrzeug für Kraftfahrzeuge, die entsprechend dem vorgesehenen Verwendungszweck mit einer speziellen feuerwehrtechnischen Ausstattung und Beladung sowie sonstigen Einsatzmitteln eingerichtet sind. Beispiele für Feuerwehranhänger sind:

- **Tragkraftspritzen-Anhänger TSA** werden für die Brandbekämpfung verwendet. Sie sind besonders gestaltete Einachsanhänger für die Aufnahme einer Tragkraftspritze und einer feuerwehrtechnischen Beladung für den Einsatz einer Gruppe (1/8) und können an Fahrzeuge angehängt oder von der Mannschaft gezogen werden.
- **Anhänger mit Schaum-Wasserwerfer SWA** gemäß DIN 14521 werden zum Auswerfen der Löschmittel Wasser oder Schaum über größere Entfernungen und/oder Höhen verwendet. Sie sind mit einem abnehmbaren, horizontal und vertikal schwenkbaren Schaum-Wasserwerfer, einem Schaummittel-Zumischer und zwei Schaummittel-Behältern mit einem Inhalt von zusammen 220 Liter ausgerüstet.
- **Anhängeleiter AL 16-4** werden zum Retten von Menschen aus Notlagen, für die Brandbekämpfung und für technische Hilfeleistungen verwendet. Mit diesen Leitern kann die Brüstungsoberkante eines Fensters im 4. Obergeschoss eines Gebäudes mit normalen Geschosshöhen erreicht werden. Anhängeleitern sind mit einem Einachs-Fahrgestell mit Zugeinrichtung, einem aufricht- und ausfahrbaren 18 Meter langen Leitersatz und einem handbetätigten Antrieb für die Bewegungen Aufrichten/Neigen, Aus-/Einfahren sowie Geländeausgleich links/rechts ausgerüstet.
- **Bootsanhänger FWA-B** gemäß DIN 14963 werden zum Transport genormter Feuerwehrboote verwendet. Sie sind entsprechend den erhöhten Anforderungen so gestaltet, dass sie bei Notfalleinsätzen ohne Rücksicht auf das vorhandene Gelände oder die dann herrschenden Witterungsbedingungen unverzüglich eingesetzt werden können.

10.3 Selbstkontrolle und Testfragen

(Lösungen siehe Seite 100)

1. Welche Arten der Feuerwehrboote sind gemäß DIN 14961 genormt?

a) Paddelboote PB
b) Rettungsboote RTB 1
c) Mehrzweckboote MZB
d) Löschkreuzer LK
e) Feuerwehrboot FB

2. Welche Arten der Feuerwehranhänger sind genormt?

a) Anhängeleitern AL 16-4
b) Anhängeleitern mit Korb AL 16-4 K
c) Feldkochherde FKH
d) Schaum-Wasserwerfer SWA

3. Welche Merkmale kennzeichnen einen Schaumwasserwerfer SWA?

a) Ein abnehmbarer, horizontal und vertikal schwenkbarer Schaum-Wasserwerfer
b) Eine festinstallierte Schaumkanone
c) Zwei Schaummittel-Behälter mit einem Inhalt von zusammen 220 Liter
d) Eine wasserbetriebene Schaumwurfanlage

4. Welche Merkmale kennzeichnen eine Anhängeleiter AL 16-4?

a) Ein aufricht- und ausfahrbarer 18 Meter langer Leitersatz
b) Ein handbetätigter Leiterantrieb
c) Eine automatische Waagerecht-Senkrecht-Abstützung
d) Eine Anhängemöglichkeit an den Leitersatz einer Drehleiter
e) Ein klappbarer Rettungskorb

11 Technische Daten

Tabelle 2: Wesentliche technische Daten genormter Feuerwehrfahrzeuge

Fahrzeug-typ	maximale Gesamtmasse [kg]	Antriebsart	Abmessungen [mm]		
			Länge	Breite	Höhe
KLF	4.750	Straße	6.000	2.300	2.600
TSF	4.750	Straße	6.000	2.300	2.600
TSF-W	7.500	Straße	6.300	2.350	2.900
MLF	7.500 / 9.000	Straße / Allrad[1]	6.500	2.500	3.100
LF 10	14.000	Allrad / Straße[1]	7.300	2.500	3.300
HLF 10	14.000	Allrad / Straße[1]	7.300	2.500	3.300
LF 20	16.000	Allrad / Straße[1]	8.600	2.500	3.300
HLF 20	16.000	Allrad / Straße[1]	8.600	2.500	3.300
LF 20 KatS	16.000	Allrad	7.300	2.500	3.300
TLF 2000	14.000	Allrad	6.300	2.300	3.100
TLF 3000	14.000	Allrad	7.500	2.500	3.300
TLF 4000	16.000[2]	Allrad / Straße[1]	8.000	2.500	3.300
DLAK 12/9	14.000	Straße	9.500	2.500	3.300
DLAK 18/12	14.000	Straße	9.500	2.550	3.300
DLAK 23/12	16.000	Straße	11.000	2.550	3.300
TGM 18/12	16.000	Straße	9.500	2.550	3.300
TGM 23/12	größer 16.000	Straße	10.000	2.550	3.300
RW	14.000 / 16.000	Allrad	8.600	2.550	3.300
GW-G	14.000 / 16.000	Straße	8.600	2.550	3.300
KdoW	3.500[3]	Straße / Allrad[1]	5.250	2.000	2.200
ELW 1	4.750	Straße / Allrad[1]	6.000	2.100	3.100
ELW 2	14.000 / 16.000	Straße	10.000	2.550	3.500
WLF	größer 16.000	Straße / Allrad[1]	10.000	2.550	4.000
GW-L1	7.500	Straße	8.000	2.550	3.300
GW-L2	16.000	Allrad	8.300	2.550	3.300

[1] auf Wunsch des Bestellers
[2] oder größer 16.000 kg
[3] mindestens 1.700 kg

12 Beladelisten

Die Art, die Ausführung und der Umfang der auf genormten Feuerwehrfahrzeugen mitgeführten feuerwehrtechnischen Beladung sind in den Normblättern für den jeweiligen Typ des Feuerwehrfahrzeuges festgelegt. Dabei wird unterschieden zwischen der so genannten Standardbeladung, die komplett auf dem jeweiligen Fahrzeug mitgeführt werden muss, und einer zusätzlichen Beladung nach örtlichen Belangen oder auf Wunsch des Bestellers. Die Zusammensetzung dieser Zusatzbeladungen ist auf die einsatztaktischen Erfordernisse der Feuerwehr abzustimmen und abhängig von den verbleibenden Raum- und Gewichtsreserven des Feuerwehrfahrzeuges.

Um dem Besteller eines Feuerwehrfahrzeuges die Zusammensetzung möglicher Zusatzbeladungen zu erleichtern und vor allem auch einsatztaktisch zu vereinheitlichen, werden in den verschiedenen Teilen und Beiblättern der Normenreihe DIN 14800 „Feuerwehrtechnische Ausrüstung für Feuerwehrfahrzeuge“ bestimmte feuerwehrtechnische Ausrüstungen, die sich bei Einsätzen sowohl im Bereich der Brandbekämpfung als auch der Technischen Hilfeleistung als vorteilhaft erwiesen haben, zu zweckmäßigen Zusatzbeladungen zusammengefasst. Alternative Ausrüstungen und Geräte dürfen verwendet werden, sofern bei der Verwendung von anderen als den zitierten Ausrüstungen und Geräten unter Berücksichtigung der jeweiligen Schutzziele mindestens der angestrebte technische Einsatzwert, die Sicherheit und die Gebrauchstauglichkeit sichergestellt sind.

Die Beladungen müssen entsprechend den feuerwehrtechnischen Gesichtspunkten gelagert werden. Zusammengehörige Teile sollten immer zusammen gelagert werden. Besonderer Wert ist auch auf eine ergonomisch günstige Be- und Entladung zu legen.

Hinweis: Die nachfolgenden Beladelisten enthalten nur die wesentlichen Ausrüstungen und Geräte der Einsatzfahrzeuge, da sich eine vollständige Auflistung im Rahmen dieser Broschüre nicht abbilden lässt.

Tabelle 3: Wesentliche Beladung der Kleinlöschfahrzeuge, Tragkraftspritzenfahrzeuge und Mittleren Löschfahrzeuge

KLF	TSF	TSF-W	MLF	Ausrüstung und Gerät
4	4	4	4	Pressluftatmer
4	4	4	4	Atemanschluss (Vollmaske)[1)]
9	9	9	9	Kombinationsfilter A2B2E2K2P3[2)]
1	1	1	1	Kübelspritze, gefüllt
1	1	1	1	Feuerlöscher, mit 6 Kilogramm ABC-Löschpulver
1	1	1	1	Druckschlauch B 75, Länge 5 Meter
10	10	10	10	Druckschlauch B 75, Länge 20 Meter
9	9	9	9	Druckschlauch C 42, Länge 15 Meter
4	4	4	4	Saugschlauch A-110, Länge 1,60 Meter[3)]
1	1	1	1	Standrohr 2B
1	1	1	1	Sammelstück A-2B
1	1	1	1	Verteiler B-CBC
1	1	1	1	Hohlstrahlrohr B oder Mehrzweckstrahlrohr B
3	3	3	3	Hohlstrahlrohr, mit Festkupplung C
1	1	1	1	vierteilige Steckleiter, mit Einsteckteil
4	4	4	4	BOS-Handsprechfunkgerät, für den Einsatzstellenfunk
1[2)]	--	1[2)]	1[2)]	tragbare Kettensäge, mit Verbrennungsmotor, mit Zubehör[4)]
2[2)]	--	2[2)]	2[2)]	Schutzhose, für Benutzer von Kettensägen[4)]
2[2)]	--	2[2)]	2[2)]	Schutzhelm, für Benutzer von Kettensägen[4)]
1[2)]	--	1[2)]	1[2)]	tragbarer Stromerzeuger, Nennleistung 5 Kilovoltampere[5)]
1[2)]	--	1[2)]	1[2)]	Leitungsroller, Leitungslänge 50 Meter[5)]
2[2)]	--	2[2)]	2[2)]	Flutlichtstrahler, Nennleistung 1.000 Watt[6)]
1[2)]	--	1[2)]	1[2)]	Stativ, auf 3,50 Meter Länge ausziehbar[6)]
1[2)]	--	1[2)]	1[2)]	Kombinations-Schaumstrahlrohr S4/M4[7)]
1[2)]	--	1[2)]	1[2)]	Zumischer Z4R[7)]
6[2)]	--	6[2)]	6[2)]	Schaummittelbehälter, Inhalt 20 Liter[7)]

[1)] auf Wunsch des Bestellers auch 9 Stück
[2)] nur auf Wunsch des Bestellers
[3)] abweichende Längen sind zulässig, die Gesamtlänge muss mindestens 6 Meter betragen
[4)] Zusatzbeladung „Motorsäge“
[5)] Zusatzbeladung „Strom“
[6)] Zusatzbeladung „Beleuchtung“
[7)] Zusatzbeladung „Schaum“

Tabelle 4: Wesentliche Beladung der Löschgruppenfahrzeuge

LF 10	HLF 10	LF 20	HLF 20	LF 20 KatS	Ausrüstung und Gerät
4	4	4	4	4	Pressluftatmer
4[1)]	4[1)]	4[1)]	4[1)]	9	Atemanschluss (Vollmaske)
9[2)]	9[2)]	9[2)]	9[2)]	9	Kombinationsfilter A2B2E2K2P3
2	2	2	2	2	Schutzhose, für Benutzer von Kettensägen
2	2	2	2	2	Schutzhelm, für Benutzer von Kettensägen
--	--	4	4	--	leichter Chemikalienschutzanzug, flüssigkeitsdicht
1	1	2	2	1	Feuerlöscher, mit 6 Kilogramm ABC-Löschpulver
1	1	1	1	1	Feuerlöscher, mit 5 Kilogramm Kohlendioxid
1	1	1	1	1	Kombinations-Schaumstrahlrohr S4/M4
1	1	1	1	1	Zumischer Z4R
6	6	6	6	6	Schaummittelbehälter, Inhalt 20 Liter
14	14	14	14	30	Druckschlauch B 75, Länge 20 Meter
12	12	12	12	12	Druckschlauch C 42, Länge 15 Meter
4	4	4	4	6	Saugschlauch A-110, Länge 1,60 Meter
1	1	2	2	3	Verteiler B-CBC
1	1	2	2	2	Hohlstrahlrohr B
3	3	3	3	3	Hohlstrahlrohr C
1[3)]	1[3)]	1[3)]	1[3)]	1	vierteilige Steckleiter, mit Einsteckteil
--	--	1	1	--	dreiteilige Schiebleiter
--	--	1	1	--	Sprungpolster SP 16
4	4	4	4	5	BOS-Handsprechfunkgerät, für den Einsatzstellenfunk
1	1	1	1	1	tragbarer Stromerzeuger
1	1	1	1	1	Tauchpumpe TP 4/1
1	1	1	1	1	tragbare Kettensäge, mit Verbrennungsmotor
1	2	1	2	2	Leitungsroller, Leitungslänge 50 Meter
2	2	2	2	2	Flutlichtstrahler, Nennleistung 1.000 Watt
1	1	1	1	1	Stativ, auf 3,50 Meter Länge ausziehbar
--	1	--	1	--	hydraulischer Rettungssatz[4)], mit Zubehör
--	1	--	1	--	pneumatisches Hebekissensystem, mit Zubehör
1	1[2)]	1	1	--	tragbares Belüftungsgerät

1) auf Wunsch des Bestellers auch 9 Stück

2) auf Wunsch des Bestellers

3) oder auf Wunsch des Bestellers 2 Stück Multifunktionsleiter

4) bestehend aus einem Pumpenaggregat, einem Spreizer, einem Schneidgerät und einem Satz Rettungszylinder

Tabelle 5: Wesentliche Beladung der Tanklöschfahrzeuge

TLF 2000	TLF 3000	TLF 4000	Ausrüstung und Gerät
2	2	2	Pressluftatmer
3	3	3	Atemanschluss (Vollmaske)
3	3	3	Kombinationsfilter A2B2E2K2P3[1)]
2	2	2	Schutzhose, für Benutzer von Kettensägen
2	2	2	Schutzhelm, für Benutzer von Kettensägen
--	--	4	reflektierende, Schutzkleidung („Hitzeschutzkleidung")[1)]
1	2	2	Feuerlöscher, mit 6 Kilogramm ABC-Löschpulver
--	--	2	Feuerlöscher, mit 5 Kilogramm Kohlendioxid
2	2	2	Feuerpatsche, mit Stiel
1[1)]	1	1	Kombinations-Schaumstrahlrohr S4/M4
--	--	1	Schaumstrahlrohr S8
1[1)]	1	1	Zumischer Z4R
--	--	1	Zumischer Z8R
6[1)]	6	--	Schaummittelbehälter, Inhalt 20 Liter
4	6	6	Druckschlauch B 75, Länge 20 Meter
6	6	6	Druckschlauch C 42, Länge 15 Meter
4	4	4	Saugschlauch A-110, Länge 1,60 Meter[1)]
1	1	1	Standrohr 2B
1	--	--	Sammelstück A-2B
--	1	1	Sammelstück A-3B
1	1	1	Verteiler BB-CBC, mit zwei B-Eingängen
1	1	1	Hohlstrahlrohr B
2	2	2	Hohlstrahlrohr C
1[1)]	1[1)]	1[1)]	4-teilige Steckleiter, mit Einsteckteil[2)]
2	2	2	BOS-Handsprechfunkgerät, für den Einsatzstellenfunk
1	1	1	tragbare Kettensäge mit Verbrennungsmotor, mit Zubehör
2	2	2	Löschrucksack, mit Befülleinrichtung, Inhalt etwa 20 Liter[3)]
4	4	4	Druckschlauch D 25, Länge 15 Meter[3)]
2	2	2	Hohlstrahlrohr D[3)]
1	1	1	Verteiler C-DCD[3)]

[1)] nur auf Wunsch des Bestellers
[2)] oder alternativ 2 Stück Multifunktionsleiter
[3)] Zusatzbeladung für die Bekämpfung von Waldbränden

Tabelle 6: Wesentliche Beladung der Drehleitern

DLAK 12/9	DLAK 18/12	DLAK 23/12	TGM	Ausrüstung und Gerät
2	2	2	2	Pressluftatmer
2	2	2	2	Atemanschluss (Vollmaske)[1]
2	2	2	2	Kombinationsfilter A2B2E2K2P3[1]
2	2	2	2	Schutzhose, für Benutzer von Kettensägen
2	2	2	2	Schutzjacke, für Benutzer von Kettensägen
2	2	2	2	Schutzhandschuhe, für Benutzer von Kettensägen
2	2	2	2	Schutzhelm, für Benutzer von Kettensägen
1	1	1	1	Feuerlöscher, mit 6 Kilogramm ABC-Löschpulver
--	1	1	--	Druckschlauch B 75, Länge 35 Meter[2]
2	2	2	2	Druckschlauch B 75, Länge 20 Meter
2	2	2	2	Druckschlauch C 42, Länge 15 Meter
--	--	1	1	Standrohr 2B[2]
--	1	1	1	Verteiler B-CBC
1	1	1	1	Hohlstrahlrohr C
1	1	1		Wenderohr/Wasserwerfer[2]
1	1	1	1	Krankentrage[2]
2	2	2	2	BOS-Handsprechfunkgerät, für den Einsatzstellen-funk
1	1	1	1	tragbarer Stromerzeuger, Nennleistung 5 Kilovolt-ampere[2]
1	1	1	1	tragbare Kettensäge, mit Verbrennungsmotor, mit Zubehör
1	1	1	1	tragbare Kettensäge, mit Elektromotor, mit Zubehör[2]
1	1	1	1	Bügelsäge
1	1	1	--	Einreißhaken
--	2	2	--	Auffahrbohle

[1] auf Wunsch des Bestellers auch 3 Stück
[2] nur auf Wunsch des Bestellers

Tabelle 7: Wesentliche Beladung des Rüstwagens

RW	Ausrüstung und Gerät
3	Atemanschluss (Vollmaske), mit Tragedose[1]
3	Kombinationsfilter A2B2E2K2P3[1]
2	Schutzhose, für Benutzer von Kettensägen
2	Schutzhelm, für Benutzer von Kettensägen
4	Wathose, mineralölbeständig
2	Feuerlöscher, mit 6 Kilogramm ABC-Löschpulver
1	Feuerlöscher, mit 9 Liter Schaum
1	Feuerlöscher, mit 5 Kilogramm Kohlendioxid
1	Multifunktionsleiter
1	Gerätesatz Absturzsicherung
1	Gerätesatz Auf- und Abseilgerät, mit Dreibein
1	Schleifkorbtrage, mit Hubgeschirr
1	blendfreies Beleuchtungssystem, Lichtpunkthöhe mindestens 3,50 Meter[1]
2	Flutlichtstrahler, Nennleistung 1.000 Watt
1	Stativ, auf 3,50 Meter Länge ausziehbar
4	Leitungsroller, Leitungslänge 50 Meter
2	BOS-Handsprechfunkgerät, für den Einsatzstellenfunk
1	Mehrzweckzug
1	hydraulischer Hebesatz
1	pneumatisches Hebekissensystem, mit Zubehör
1	hydraulischer Rettungssatz[2], mit Zubehör
1	Rettungsplattform
1	Fahrzeugstabilisierungssystem, mit Stützen und Zurrgurten[1]
1	tragbarer Stromerzeuger, Nennleistung größer 11 Kilovoltampere
1	tragbares Be- und Entlüftungsgerät[1]
1	tragbare Kettensäge, mit Verbrennungsmotor, mit Zubehör
1	tragbare Kettensäge mit Elektromotor, mit Zubehör
1	tragbare Kettensäge, zum Trennen von Verbundstoffen, mit Zubehör
1	tragbare Trennschleifmaschine, mit Verbrennungsmotor, mit Zubehör
1	tragbares Trenngerät, mit gegenläufig rotierenden Sägeblättern
1	Plasmaschneidgerät

[1] nur auf Wunsch des Bestellers
[2] bestehend aus zwei Pumpenaggregaten, einem Spreizer, einem Schneidgerät und vier Rettungszylindern

Tabelle 8: Wesentliche Beladung des Gerätewagens Gefahrgut

GW-G	Ausrüstung und Gerät
9	Chemikalienschutzanzug, flüssigkeitsdicht
9	Chemikalienschutzanzug, gasdicht
6	Pressluftatmer[1)]
15	Atemanschluss (Vollmaske), mit Tragedose
18	Kombinationsfilter A2B2E2K2Hg-P3
1	Schleifkorbtrage, aus nicht rostendem Stahl
9	BOS-Handsprechfunkgerät, explosionsgeschützt, mit Sprechgarnítur
1	Material zur Ableitung elektrostatischer Aufladungen und zur Erdung
1	Belüftungsgerät, explosionsgeschützt[2)]
5	Umfüllpumpen, verschiedene Ausführungen
10	Chemieschlauchleitung
24	Übergangsstücke, verschiedene Ausführungen
2	Auffangrinne beziehungsweise -kasten
2	faltbare Auffangwanne
1	pneumatische Leckverschlüsse
4	Dichtungspfropfen und -keile, verschiedene Ausführungen
10	Vorrichtung zum Abdichten von Straßeneinläufen
2	Abdeck- und Auffangplane, aus beschichtetem Chemiefasergewebe
1	Bergungs- und Transportfass
1	Saugbehälter, Volumen zwischen 180 und 450 Liter
9	Behälter, aus Kunststoff, verschiedene Ausführungen
2	IBC-Container mit Kunststofftank[2)]
1	Werkzeugsatz, aus funkenarmen Werkstoff
1	Probenahmesatz[1)]
1	Prüfröhrchen-Messeinrichtung (Prüfröhrchen-Pumpe)[1)]
1	tragbarer Photoionisationsdetektor (PID)[1)]
4	tragbares Messgerät, zum Nachweis von brennbaren Gasen und Dämpfen[1)]
10	Strahlenschutz-Messgeräte, verschiedene Ausführungen[1)]
1	Fernthermometer oder Wärmebildkamera[1)]
5	Öl- beziehungsweise Chemikalienbindemittel
1	Schnelleinsatzzelt, für Aufenthalt und Umkleiden[1)]

[1)] darf entfallen, wenn sichergestellt ist, dass diese Geräte auf anderem Wege zur Einsatzstelle gelangen, zum Beispiel mit einem Einsatzleitwagen ELW oder einem Gerätewagen Messtechnik GW-Mess
[2)] nur auf Wunsch des Bestellers

Tabelle 9: Wesentliche Beladung der Einsatzleitfahrzeuge

KdoW	ELW 1	ELW 2	Ausrüstung und Gerät
1	1	--	Pressluftatmer[1)]
1	3	3	Vollmaske (Atemanschluss)[1)]
1	3	3	Tragedose, für Vollmaske[1)]
1	3	3	Kombinationsfilter A2B2E2K2P3[1)]
1	1	1	Feuerlöscher, mit 12 Kilogramm ABC-Löschpulver[2)]
--	--	1	Feuerlöscher, mit 2 Kilogramm Kohlendioxid
1[1)]	1	2	Handscheinwerfer
1	1	2	Einsatzleuchte[1)]
1	1	--	Anhaltestab (Winkerkelle)[1)]
---	1	1[1)]	Handlautsprecher
1[1)]	1	--	Fernglas, mindestens 8 × 50
1	1	--	Fotoapparat[1)]
--	1	--	Prüfröhrchen-Messeinrichtung (Prüfröhrchen-Pumpe)[3)]
--	1	--	tragbarer Photoionisationsdetektor (PID)[1)]
--	1	--	tragbares Messgerät, zum Nachweis von Gasen und Dämpfen[3)]
--	1	--	Dosisleistungswarngerät[3)]
--	1	--	Fernthermometer[1)]
--	1	--	Wärmebildkamera[1)]
--	--	1	Stromerzeuger, Leistung 13 Kilovoltampere[4)]
--	--	1	Kanister, mit 20 Liter Kraftstoff, für Stromerzeuger[4)]
--	--	1	Leitungsroller, Leitungslänge 50 Meter
--	--	1	Verbindungskabel 400 Volt, Leitungslänge 2,50 Meter
1	1	1	Funktionswesten zur Kennzeichnung von Führungskräften[1)5)]
1	1	1	Hilfsmittel für den Einsatzleiter[5)]

1) nur auf Wunsch des Bestellers
2) oder 2 Stück mit 6 Kilogramm
3) darf entfallen, wenn sichergestellt ist, dass diese Geräte innerhalb der notwendigen Zeit auf anderem Weg zur Einsatzstelle gelangen
4) kann entfallen, wenn das Fahrzeug mit einem fest eingebauten Stromerzeuger ausgerüstet ist
5) ein vollständiger Satz, Zusammenstellung nach Vereinbarung

Tabelle 10: Wesentliche Beladung der Nachschubfahrzeuge

WLF	GW-L1	GW-L2	Ausrüstung und Gerät
2	2[1)]	6	Vollmaske (Atemanschluss)[2)]
2	2[1)]	6	Tragedose, für Vollmaske[2)]
2	2[1)]	6	Kombinationsfilter A2B2E2K2P3[2)]
1	2	2	Feuerlöscher, mit 6 Kilogramm ABC-Löschpulver
--	--	1	Feuerlöscher, mit 9 Liter Schaum[2)]
--	--	1	Multifunktionsleiter
--	--	4	Feuerwehrleine FL 30, mit Feuerwehrleinenbeutel
--	2	2	Mehrzweckleine
--	1	3	Einsatzleuchte, oder Handscheinwerfer[2)]
--	--	4	Verkehrswarngerät, mit beidseitigem Lichtaustritt
--	4	4	Verkehrsleitkegel, Höhe etwa 500 Millimeter, voll reflektierend
2	2	2	BOS-Handsprechfunkgerät, für den Einsatzstellenfunk
--	1	1	Transportkasten, mit Befestigungsteilen für Ladungssicherung
--	--	1	Feuerwehr-Werkzeugkasten
--	--	2	Stechschaufel, mit Stiel
--	--	2	Stoßbesen, mit Stiel
--	--	1	Schleppstange, mit Zugösen, Länge etwa 2.000 Millimeter
--	--	4	Gleitschutzketten
--	--	1	Tragkraftspritze PFPN 10-1000, mit Zubehör[3)]
--	--	1	Tragkraftspritze PFPN 10-1000, mit Zubehör[3)2)]
--	--	2	Druckschlauch B 75, Länge 5 Meter[3)]
--	--	100	Druckschlauch B 75, Länge 20 Meter[3)]
--	--	6	Saugschlauch A-110, Länge 1,60 Meter[3)4)]
--	--	1	Standrohr 2 B[3)4)]
--	--	1	Sammelstück A-2 B[3)4)]
--	--	2	Verteiler B-CBC[3)]
--	--	2	Schlauchabsperrung B[3)4)]
--	--	12	Schlauchbrücke 2 B-H, aus Holz[3)]
--	--	1	BOS-Handsprechfunkgerät, für den Einsatzstellenfunk[3)4)]
--	--	1	Kanister, mit 20 Liter Kraftstoff, für Tragkraftspritze[3)4)]

[1)] bei Gerätewagen Logistik GW-L1 mit einer Staffel als Besatzung jeweils 6 Stück
[2)] nur auf Wunsch des Bestellers
[3)] Zusatzbeladung „Wasserversorgung"
[4)] die Stückzahl verdoppelt sich, wenn auf Wunsch des Bestellers eine zweite Tragkraftspritze mitgeführt wird

Tabelle 11: Wesentliche Beladung des Schlauchwagens KatS

SW-KatS	Ausrüstung und Gerät
3	Vollmaske (Atemanschluss)
3	Tragedose, für Vollmaske
3	Kombinationsfilter A2B2E2K2P3
2	Schutzausrüstung, für Benutzer von Kettensägen (Hose, Jacke, Helm)
1	Feuerlöscher, mit 12 kg ABC-Löschpulver
1	Tragkraftspritze PFPN 10-1500, mit Zubehör
2	Druckschlauch B 75, Länge 5 Meter
100	Druckschlauch B 75, Länge 20 Meter
6	Druckschlauch C 42, Länge 15 Meter
6	Saugschlauch A-110, Länge 1,60 Meter
1	Standrohr 2 B
1	Sammelstück A-3 B
2	Verteiler B-CBC
2	Schlauchabsperrung B
1	Hohlstrahlrohr C
12	Schlauchbrücke 2 B-H, aus Holz
2	Druckbegrenzungsventil
1	Faltbehälter, selbstaufrichtend und offen, Inhalt 5.000 Liter
1	Multifunktionsleiter
2	Feuerwehrleine FL 30, mit Feuerwehrleinenbeutel
2	Mehrzweckleine
4	Verkehrswarngerät, mit beidseitigem Lichtaustritt
8	Verkehrsleitkegel, Höhe etwa 500 Millimeter, voll reflektierend
4	BOS-Handsprechfunkgerät, für den Einsatzstellenfunk
1	Transportkasten, mit Befestigungsteilen für Ladungssicherung
1	Feuerwehr-Werkzeugkasten
1	tragbare Kettensäge, mit Verbrennungsmotor, mit Zubehör
1	Stechschaufel, mit Stiel
1	Stoßbesen, mit Stiel
1	Schleppstange, mit Zugösen
4	Gleitschutzketten
2	Kanister, mit 20 Liter Kraftstoff, für Fahrzeug
1	Kanister, mit 20 Liter Kraftstoff, für Tragkraftspritze

13 Literatur- und Quellenverzeichnis

CIMOLINO U., ZAWADKE T., KÖGLER H.: „Einsatzfahrzeuge für Feuerwehr und Rettungsdienst, Typen: Ausführung und taktischer Einsatzwert", 1. Auflage 2006, ecomed-Verlag, Landsberg

GIHL, M.: „Die Geschichte des deutschen Feuerwehrfahrzeugbaues Band 2", Ausgabe 2000, Verlag W. Kohlhammer, Stuttgart

HAMILTON, W.: „Handbuch für die Feuerwehr", 21. Auflage 2012, Richard Boorberg Verlag GmbH & Co KG, Stuttgart

SCHOTT L., RITTER M.: „Aktuelles Grundwissen für den Dienst in der Feuerwehr", Ausgabe: 2016, Wenzel-Verlag, Marburg

DIN-Normen, Bezug bei der Beuth Verlag GmbH, Burggrafenstraße 6, 10787 Berlin

Lösungen zu Kapitel 2.3: 1. a), b) und e); 2. a), b) und c); 3. a), d) und e); 4. a), c) und f); 5. d); 6. c) und d); 7. a), c) und d); 8. a), b) und e)

Lösungen zu Kapitel 3.3: 1. b) und d); 2. b); 3. a) und c); 4. a) und c)

Lösungen zu Kapitel 4.3: 1. a), c) und d); 2. b); 3. a), b) und d); 4. b)

Lösungen zu Kapitel 5.5: 1. a) und c); 2. c); 3. a) und d)

Lösungen zu Kapitel 6.2: 1. a), c) und d); 2. a); 3. a) und c)

Lösungen zu Kapitel 7.5: 1. c); 2. a) und c); 3. a), c), d) und e); 4. a) bis d)

Lösungen zu Kapitel 9.5: 1. a) und c); 2. a) und c); 3. b) und c); 4. a), b), d) und e)

Lösungen zu Kapitel 10.3: 1. b) und c); 2. d); 3. a) und c); 4. a) und b)

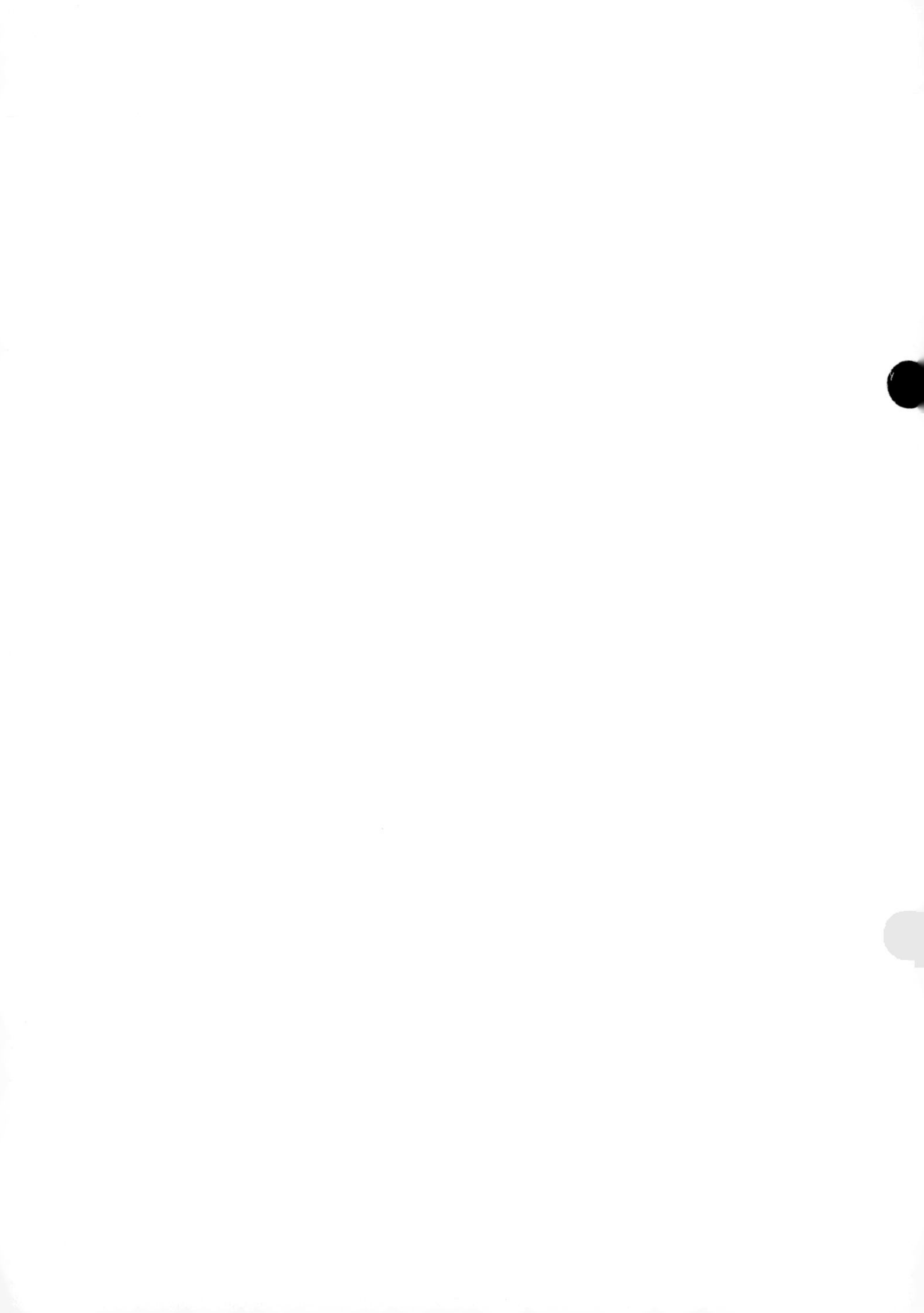